JN255486

心に響く　樹々の物語

同じ木を見ても、愚かな者と賢い者には異なるものが見えている。

——— ウィリアム・ブレイク

心に響く　**樹々の物語**

ダイアン・クック　レン・ジェンシェル　写真・文　　黒田眞知　訳

CONTENTS

気になる木は何ですか？

ここから3キロほど離れたストーニー・キル川に沿って、スズカケノキ[*1]の成熟林がある。この森の樹々は、一本一本が長い年月をかけて繁栄した一族の家系図のような姿をしてそびえ立っている。低い方の大枝は川面に向かってほぼ水平に張り出し、てっぺんの方のグレーや白の細い枝は、ひしめき合いながら天に向かってまっすぐ伸びている。

そこからほど近いニューコンコードの町にある交差点のそばには、クルミの巨木が立っている。秋になると雨あられと実を降らせ、道路にいつまでも消えない漆黒の染みを残す。子どもの頃に嗅いだ、緑色の殻の、あの匂いは忘れられない。

町の南にあるのは、ナラの大木だ。幹には「キリストは、私たちの罪のために亡くなられた」と書かれた板が、釘で打ちつけられている。車でそこを通るたび、この木に深々と釘を打ち込んだ人の激しい思いについて考える。ナラに罪はないのだが。

家のそばの森には、ナラの木が1本と、シデとアサダの木が何本もあることに気づいた。この秋には、小川沿いの段々畑でクルミの木を1本見つけた。南向きの窓からはブナの群落が見える。西側には、鹿用の射撃台を固定するために、長年、鎖を巻きつけられたままのサクラがある。曲がりくねったその冬枯れの枝は、西の遠景に描かれた雑な落書きのように見える。最近では納屋の脇の立ち枯れたニレにさえ、愛着を覚えはじめている。樹木の教科書で「花瓶形」と呼ばれる樹形そのもののように広がった枝を毎日見ていると、花瓶はみなニレの形をしているかのように思えてくる。

こんな例はいくらでも挙げられるが、私の言いたいことはもうおわかりだろう。年々、私の心のなかの地図で、樹木が大切な目印となってきているのだ。どれも、歴史的な意味をもつ木でもなければ、高さや太さ、古さで抜きん出ている木でもない。それらの木の下で私自身や知人に何かしら意味のあること——ピクニックや恋人との逢瀬、アイディアのひらめきなど——が起きたわけでもない。そういうことは関係ないのだ。ただ、樹々を愛で、その生涯を理解して束の間の哲学のようなものを築こうと努めるだけで、十分だ。

最近、ヘンリー・リーブという英国人が1832年に書いた文章に出合った。「カントが植えた木は実を結び、花を咲かせた」この一文が、メタファーであったと気づいたときには、少しがっかりした。カントがどんな木を植えたか知ることができたら面白かったのに。その木が今も生きているかどうか、そしてジェファーソン第3代米大統領がかつてバージニア州のモンティチェロ果樹園に植えたリンゴの木のように、自分でも育てられるかどうかを知ることができたらいいのに、と思った。カントでもジェファーソンでも、誰に聞いても面白い質問ではないだろうか。「あなたがいつも気になる木は何ですか？」「あなたならどんな木を植えますか？」

わが家の敷地の測量図には、石垣沿いの樹木に「30センチのトネリコ」「35センチのカエデ」「45センチのサクラ」などと書き込まれている。（寸法は幹の胸高直径だ。）こうした樹々も、土地の状態を把握するうえで役に立つという観点から選ばれた目印といえる。家の裏手には波線が引かれ、「森の縁（ふち）」と記されている。線の向こうもうちの敷地だが、その先は空白になっている。

森の縁——その言葉にはどことなく神秘的な響きがある。まるで人間界と妖精界の境界線上に暮らしているような気がしてくる。だが実際の森に分け入るのも神秘的だ。カエデやナラが並ぶ、森の縁のラインを越え、マンサクの木陰を進むと、誰かが大昔に捨てた瓶や缶が落ちていたり、農家の人が丘の上から転がしてきた大きな石があったりする。やがてブーツが地面にとられはじめ、ツガの古木が立っていられなくなった場所に来る。倒れた樹々の墓場は、同時に、苔や地衣類、キノコなど新たな生命が溢れる場所でもある。これ以上に豊かな死に方があるだろうか。森の中で命尽きた木は、本当の意味では決して死なない。いやむしろ、森の木は、生きてきた年月と同じだけの時間をかけて死んでゆくというべきかもしれない。私たちが死と呼ぶもの――突然、地面に倒れた状態になること――は、樹木にとっては生と死の中間点でしかない。

時空のスケールを感じさせてくれる

私が木から、何か教訓を引き出そうとしているように聞こえるかもしれないが、木の側にそうした意図はない。1本だろうと仲間と一緒だろうと、公園の木だろうと街路樹だろうと、木は人間に何かを伝えようとしているわけではない。だがその控え目な佇まいから、私たちは時空のスケールを感じ取る。夜空の星を除けば、そのような壮大さを感じさせてくれるという点で、樹々に勝るものはない。

ナラのドングリを地面に植えるとき、人は「この木が完全に大きくなる頃には、自分はもうこの世にはいないだろう」と考えるかもしれない。それがスケールに思いを致すということだ。なぜならナラの寿命は軽く300年を超すのだから。また別の問いも浮かぶ。「このドングリから育った木は、老木になるまで生きられるだろうか？」これは気候変動に関係する問いかもしれないし、土地所有者の土地の使い方や所有期間に関係する問いかもしれない。現在、ニューイングランドの丘には、18世紀後半よりも樹々が豊かに茂っている。農業や工業の発展を経た1850年当時、この地方の丘は、氷河が後退したばかりの約1万4000年前と同じくらい丸坊主だった。これもまたスケールについての考察だ。

スケールについては、もう一つ別の角度から考えてみる価値がありそうだ。私の言いたいことをわかっていただくために、こんな思考実験をしてみてほしい。人類は原始のサバンナ以来、樹木に囲まれて生きてきた。19世紀の思想家エマソンの言葉を借りれば「樹々は私に向かってうなずき、私も樹々に向かってうなずき返す」そういう関係だ。それでは、一番大きな木の高さが私たちの肩くらいまでしかなく、その寿命も人間の一世代、つまり20年から25年ほどで、人間の寿命よりはるかに短い、そんな世界に住んでいるとしたらどうだろう。さらに、枯れたあとの木は、人間と同じくらいの速さで土に帰ると仮定してほしい。そんな奇妙な樹々の世界で、まるでリンゴの果樹園を歩くキリンのように、梢の上に頭を出して、遠くを眺めながら森を散歩する、自分の姿を思い描いてみていただきたい。どんな感じがするだろう。その森は、私たちの自己に対する概念をどのように変えるだろう。

今の世界では、私たちは樹木と比べて自分の存在が小さく、短命であると感じる。謙虚にもなる。人間という生物が、種としてかろうじて慎み深さを保てているのは、そのおかげかもしれない。生きている木であれ木材であれ、木は人間よりも永続的な存在だと、私たちは受け止めている。だから大半の人間にとって、倒れた木は非日常だ。以前、朽ちかけたサイカチの大木を樹木医に伐り倒してもらったことがあった。その木を細かく刻んでしまう前に、私は一日中、幹によじ登ったり枝のあいだに潜りこんだりして過ごした。ただひたすら大木の感触を味わいたかったからだ。薪にしたときの木肌はオレンジ色で、猛烈な熱さで燃えた。

森はなぜ存在するのだろう？　それは、木はほかの樹々と一緒に生息するからだ。この自然の摂理を、私はようやく理解しはじめた。木には人間と同じくらい適応力が備わっている。ほぼどのような土地でも育つし、さらに重要なことは、私たちが育ってほしいと思うほとんどの場所で育つ。窓の外を見ると、数本のサクラやカエデ、トネリコなどが、一列になって森から出てきているのが見える。まるで、野原を突っ切って北の国へ向かおうと、単身で森を飛び出してきた途端、時が止まってしまったかのようだ。だが、野原に立っていても、森で仲間と一緒にいたときと同じように、よく成長しているように見える。私たちが、森のなかに生えている木に対してよりも、単独で立っている木に対して親しみを抱きやすい理由は、その辺にあるのかもしれない。つまり私たちは、その孤独な立ち姿に自分を重ね合せるのではないだろうか。

だが、木は1本では生息地を形成できない。人間が集まっても、木の生息地にはなれない。

19世紀初頭のウィリアム・コベットという英国人ジャーナリストは、そのことをよく理解していた。彼は率直な物言いをする赤ら顔の改革論者だったが、進取の気性に富んだ園芸愛好家でもあった。トウモロコシやハリエンジュをはじめとする、いくつかの米国産の植物を英国で普及させようと努めた人物だ。1825年に出版された著書『森林（The Woodlands）』のなかで、コベットは「木にも感受性がある」と書いている。ただしそれは、最近の研究で明らかになりつつある樹木間のコミュニケーションのこと（ペーター・ヴォールレーベンが著書『樹木たちの知られざる生活（The Hidden Life of Trees）』のなかで論じているたぐいの事柄）ではなく、気候感度のようなことを意味している。

コベットはこんな問いを投げかける。「ナラの若木を温暖な雑木林」から1本取り出して、吹きさらしの野原に植えたらどうなるだろうか。その問いに対する答えとして、自分が若い頃に兵士としてカナダ東部に駐留していたときの体験を紹介している。「森に入って1キロ弱ほど来ると、穏やかで気持ちの良い気候になる」そこで「私はフランネルや毛布、毛皮にくるまって、何度も森へ出かけた。そして森の中に入ると、英国にいたころと変わらないくらい薄着になり、ついには手袋まで外して、リスを追いかけた」とある。コベットは、詩人エドマンド・スペンサーが200年も前に、『妖精の女王』の最初の数節のなかで描いた、森の描写に嘘はないことを証明した。森の中には、外部から独立した気候がある。

だが、まずコベットのいう「温暖な雑木林」と、19世紀後半まで、ヨーロッパで広く実践されていた「萌芽林づくり」について説明しておこう。（ちなみに萌芽林づくりはアメリカでは普及しなかった。樹木が豊富にありすぎたからだろう。）ナラのように木質の堅い木を地面に近い高さで伐採すると、その「親株」から、たくさんの萌芽が伸びる。12年もすると、その枝や樹皮を利用したり、薪にしたりできるようになる。切ったあとには新たな萌芽が出る。そうして同じ場所で、数世紀にわたって繰り返し木を使うことができる。いわば多年生の林樹栽培だ。

ある日、息子とともに馬に乗っていたコベットは、直径1.6キロほどの鬱蒼とした雑木林に行き当たった。いわゆる矮林（丈の低い木の林）だった。もし、その森を通り抜けていたら、着ていたコートが「3月のポニーの毛並みのようにボサボサになっていただろう」と書いている。十分に成長した雑木林は風を遮り、快適な空間を作り出す。そこは「いつも暖かい」とコベットは書いている。それで「ナラの若木を1本だけ取り出したらどうなるか」という問いを思いついたのだ。広々とした野原にある木は、より多くの日光を浴びることができ、競争相手も少ない分、協力し合える相手や、風雨を遮ってくれるものも少なくなる。

寒い冬の日に800メートルほど森に分け入り、「穏やかで快適な気候」を見つけるとは、なんと素敵なことだろう。森を温かく豊かな目で見ている人だからこそだろう。森の深部を、独自の光や気候をもつ、特別な場所だと感じていることが伝わってくる。そこは、生き物たちが複雑に関わり合いながら生きる場所であり、森の縁や丘の上の草原とはまったく異なる場所なのだ。

森の中では迷子になる

だが歴史を振り返ると、旧世界においても新世界においても、私たちは森の愛し方をわかっていない気がする。森は私たちを取り囲み、圧倒する。森では心の声が実際よりも大きく響き、私たちはいつも道を見失う。ヘンゼルもグレーテルも、ダンテもスペンサーの詩に出てくる心優しい騎士もみな、森の中では迷子になる。森への恐怖心を描いた文学作品は数限りなくある。それは私たちの内にある、祖先から受け継がれてきて、今なお生々しく息づいている何かを鋭く刺激する。森にいると、私たちはスケールの大きさ——同時におそらく時間の力——を鮮明すぎるほどに感じる。同時に自分がいかに小さな存在なのかを感じる。森が深く、高くなるほど、自分の存在が小さくなっていく。

ヨーロッパ（旧世界）から来た探険家や移民は、新世界の森に得体の知れない怖さを感じた。木材はこの上なく有用だったが、森そのものは恐怖の的だった。原生の自然のなかに、自分たちの罪のために死んだキリストはいそうもない（と彼らは思った）。猛スピードで森林がなぎ倒されていったのも無理はなかった。エマソンが「森のなかで、私たちは理性を取り戻し、信仰に帰ることができる」と語ったのは、彼が住むマサチューセッツ州コンコード周辺が、ほぼ開墾しつくされた1836年になってからのことだった。

その後のニューイングランドに復活した今の森林を見たら、17世紀から19世紀にかけてこの地を開拓した人々はどう感じるだろうか。ニレやクリの木はどこへ行ってしまったのかと不思議に思うだろうか。新しい森は貴重な資源の復活と映るか、それともせっかくの努力が水の泡になったと思うだろうか。私には、農夫やピューリタンが額を叩いて「やれやれ、また生やしちまったのか！」と叫ぶ様子が目に浮かぶ。身を粉にして切り拓いた土地が樹々に覆われ、こつこつ積み上げげた石垣が埋もれてしまったのだから。

コベットがリスを追いかけたのは、1780 年代のカナダ沿岸の原生林の中の話だ。19 世紀のエマソンが暮らしたコンコードの周辺に、超絶主義者たちがつくった樹々のまばらな植林地とは違う。2017 年の今、もし「原生林」という言葉を「人の手が入っていない森」という意味で使うなら、米国の北東部に残っている原生林は、わずか 1 ヘクタールほどしかない。（地球全体で見ても、ほとんど残っていない。）だがこのまま 300 年も放っておけば、ニューイングランドの新しい（といっても、もう 100 年以上たつ）森林も、いつかは老齢林になる。樹々の樹齢によってではなく、その森独自の動植物の組み合わせによって、特徴が生まれるだろう。

今、私たちの周囲にある森は、偶然の産物だ。土地利用の変遷の結果、たまたま残っているものにすぎない。だがきちんと保護すれば、誰も見たことのないような森林に育つだろう。その過程で、私たちは木を敬うのと同じように、ごく自然に森を尊ぶことができるようになるかもしれない。

米国 中西部の大草原地帯で最初に開拓地への移住がはじまったとき、小さな木立は隣人のような良き存在だった。木と人間に共通点はたくさんある。木も私たちも垂直に立ち、枝がある。その姿は地平線上に突出して見える。樹木と人間は、呼吸の循環を共有している。ツガの老木にしたら、人間が動き回っているのは滑稽なことだろう。だが私たちにとって移動の自由は、木が動かずにいられることと同じくらい大切だ。私たち人間は、円を描くように木を愛でるのが好きだ。木の周囲を歩いたり、木陰に寝転んだりして手足を伸ばすのも好きだ。ときに次のような質問をしてみるのも面白いと思う。あなたは 1 キロくらい――樹々にすっぽりと包まれていると感じられるほど――奥まで、森に入って行くことができますか？ 森の端がどのあたりかという感覚が消えるまで、スペンサーの言う「内面のずっと奥まで続く」道をたどることはできますか？　いつ、後戻りする道のことが気にならなくなりますか？

今、生きている古木は、当然ながら、長い年月を生き延びてきた樹々だ。私たちは、その古木が乗り越えてきた対象が、自分たち人間であることをあまり認めたがらない。ここで、もう一人だけ紹介したい人物がいる。1800 年代初頭に、英国ポーツマスから来た移民のジョン・ウッズだ。彼は家族とともにメリーランド州のボルティモアに上陸し、イリノイ州南部にあるイングリッシュ・プレーリーという開拓地を目指して、西へ向かった。（当時、その地域では、森に囲まれた、大きく開けた場所や広々とした草原を「大草原（プレーリー）」と呼んだ。）

道すがら、ジョン・ウッズは、伐られたばかりのスズカケノキの切り株を見た。高さ 90 センチ、直径は 3.3 メートルほどあった。またバージニア州ハーパーズフェリー村の近くでは、道路をつくるために樹々が伐り倒され、燃やされたり樹皮を剥がされたりして、道路沿いの森の中で朽ちている様子を見た。それについてウッズはこう記している。「今日 1 日だけで、このような朽ち木を荷車 1000 杯分くらい見た」。そして率直に、「生まれてこのかた英国で目にしてきた生きている木の合計よりも、こちらに着いてから見た無駄遣いされている木の数のほうが多いと思う」と付け加えている。

あらゆる古木は生き残った木であり、あらゆる森は過去の遺物だ――そう私たちが考えるとき、それは何を意味するだろう。私はこう思う。もし私たち人間が一つの生物種として、いつの日か、自制心というものを身につけることができたなら、そして樹々や森を「生き残っているもの」としてではなく、私たちと同じ地球の住人として見ることができるようになったなら、豊かな自然を育む地球の底力に、私たちはきっと驚くだろう。そのようにして旧惑星に生まれた新世界に、私はぜひ移住したいと思う。最高に壮大な自然の姿が、過去のものだけでなく、未来のものでもある、そんな世界に。

バーリン・クリンケンボーグ
2017 年 1 月
ニューヨーク州イーストチャタム

＊1 本文の植物名は、原則として属名を用いる。種名ではなく属名を用いることで、やや曖昧な表現になるが、多くは日本人にもなじみ深い名称となる。ただし、スズカケノキのように属名と種名が同じ場合、混乱するかもしれない。本文の植物名は属名なので、種としてのスズカケノキではなく、スズカケノキ属の樹木とご理解いただきたい。

樹々の物語

14 太古の木
ネバダイガゴヨウマツ
米国カリフォルニア州

18 悟りの木、菩提樹
インドボダイジュ
インド・ブッダガヤ

20 ニュートンのリンゴの木
‘ケントの花’
英国リンカーンシャー州

24 トゥーレの木
メキシコラクウショウ
メキシコ・オアハカ州

30 子授け銀杏
イチョウ
東京

32 祇園の枝垂桜
‘枝垂桜’
京都・祇園

34 楠の霊木
クスノキ
熱海

38 親鸞の銀杏
イチョウ
東京

40 ブヌッ・ボロン
ベンガルボダイジュ
インドネシア・バリ島西部

42 クルクルの鐘楼
ベンジャミン
インドネシア・バリ島東部

46 お菓子屋さんの木
インドセンダン
インド・バラナシ

50 幽霊の木
インドボダイジュ
インド

52 ハヌマーン寺院の菩提樹
インドボダイジュ
インド・バラナシ

54 アッシー・ガート堂の菩提樹
インドボダイジュ
インド・バラナシ

58 女神シータラーの木
インドセンダン
インド・バラナシ

60 赤ん坊の墓になった木
プライ
インドネシア・南スラウェシ州

62 ダービーのバオバブ
オーストラリアバオバブ
オーストラリア・キンバリー地方

64 墓地の木「タケタケラウ」
プリリ
ニュージーランド・北島

66 愛(テ・アロハ)の木
ポフツカワ
ニュージーランド・北島

68 森の主「タネ・マフタ」
カウリマツ
ニュージーランド・北島

70 ナナカマドの霊木
セイヨウナナカマド
アイスランド

72 マグナカルタのイチイ
セイヨウイチイ
英国・ステインズ

74 永遠の榕樹
ベンガルボダイジュ
インド・ガヤー

78 絵馬の木
クスノキ
東京

80 靴の木
ユタビャクシン
米国カリフォルニア州

84 ポートランドの願い事の木
セイヨウトチノキ
米国オレゴン州

86 友好の木
'染井吉野'
米国ワシントンDC

92 ヒロシマの盆栽
ゴヨウマツ
米国ワシントンDC

94 長崎の原爆を生き延びた木
クスノキ
長崎県長崎市

96 オクラホマシティの生き残った木
アメリカニレ
米国オクラホマ州

100 9.11を生き延びた木
マメナシ
米国ニューヨーク州

106 ジャクソン大統領の泰山木
タイサンボク
米国ワシントンDC

108 D・H・ロレンスの木
ポンデローサマツ
米国ニューメキシコ州

110 虐殺の木
アメリカネムノキ
カンボジア・プノンペン

112 決闘の樫
バージニアガシ
米国ルイジアナ州

116 自殺の樫
バージニアガシ
米国ルイジアナ州

118 絞首刑の木
バージニアガシ
米国テキサス州

120 証拠の木
オレゴンナラ
米国オレゴン州

122 ストラットンの祈りの木
ポンデローサマツ
米国コロラド州

124 祈りの五葉松
コロラドイガゴヨウマツ
米国コロラド州

126 精霊のすむ小さな檜
ニオイヒバ
米国ミネソタ州

128 中間地点の木
バーオーク
米国ウィスコンシン州

130 目印の木
バーオーク
米国オハイオ州

132 話し合いの木
マンゴー
モザンビーク

134 舞踏の科の木
ナツボダイジュ
ドイツ・バイエルン州

138 招集の樫
バージニアガシ
米国テキサス州

140 ウェディング樫
テキサスガシ
米国テキサス州

144 バーンサイド将軍の鈴掛の木
アメリカスズカケノキ
米国メリーランド州

146 奴隷解放の樫
バージニアガシ
米国バージニア州

150 ウォルト・ホイットマンの木
アメリカキササゲ
米国バージニア州

154 ターナーの樫
テキサスガシ
米国テキサス州

156 スーザン・B・アンソニーの木
セイヨウトチノキ
米国ニューヨーク州

158 キャンパーダウンの楡
'キャンパーダウン'
米国ニューヨーク州

162 パンド
アメリカヤマナラシ
米国ユタ州

166 映画『トゥームレイダー』の木
タイヘイヨウイヌビワ、パンヤノキ
カンボジア・シェムリアップ州

170 ウィリアム・ペンの楢
シロガシワ
米国ペンシルベニア州

172 発見された木
ジャイアントセコイア
米国カリフォルニア州

174 樹皮をはぎ取られた木
センペルセコイア
米国カリフォルニア州

178 ルナ
センペルセコイア
米国カリフォルニア州

太古の木

荒野に生きる、最高齢の木

ネバダイガゴヨウマツ　*Pinus longaeva*　マツ科マツ属
インヨー国有林エンシェント・ブリスルコーンパイン・フォレスト（米国カリフォルニア州）

地球上で最高齢の幹をもつ樹木は、樹高80メートルを超えることもある、あの有名なジャイアントセコイアではなく、こんなに背の低いねじれたマツだった。世界がその事実を知ったのは、1958年に『ナショナル ジオグラフィック』誌が米国人科学者エドモンド・シュルマンによる画期的な年輪研究の成果を発表したときのこと。ネバダイガゴヨウマツ[*1]は米国西部の原産で、並はずれて忍耐力がある。なにしろ降水量の少ない森林限界すれすれのやせ地に、根を下ろして育つのだ。短ければ1年間に45日しか成長しないこともある。だが、刻んだ年輪を完璧な状態で残しながら、数千年間生き続ける。

4000年を超える樹齢をもつことが確認された最初の個体「パインアルファ」と、4800年以上の樹齢をもつ「メトゥセラ」という個体の発見は、シュルマンの功績だ。樹齢5000年を超える個体も見つかっている。木の一部を記念に持ち帰ろうとする人々や観光客から守るため、こうした太古の木々の詳しい場所は、現在非公開とされている。

地球上で最も古い木を研究することで、シュルマンは気候変動の歴史を正確にとらえたいと考えていた。その点、寿命が長く、環境の変化に敏感な反応を示すネバダイガゴヨウマツは、理想的な研究対象だった。この木はまた、木部が腐敗するのにきわめて長い年月がかかる。その特性を利用して、数千年単位の年輪をもつ「生木」「立ち枯れた木」「倒木」の3種類の試料からコアを抽出して、比較年代測定法を使った調査もおこなわれた。その結果、1万1500年前、つまり最終氷期に近い時代まで、気候の記録をさかのぼることができた。これは地球上で最も長い連続性をもつ、年輪による気候記録だ。

年輪の記録は、ほかにどのようなことを教えてくれるだろうか。放射性炭素年代測定法では、古代の遺物に含まれる有機物で年代を測定する。1960年代に、その「目盛り」がネバダイガゴヨウマツの年輪記録を使って再調整された。調整後に計測し直すと、さまざまな文明の遺物が、当初考えられていたよりも、はるかに古かったことが判明した。そうした経緯から、このマツは「歴史を書き換えた木」とも呼ばれている。

*1　ネバダイガゴヨウマツは、日本ではイガゴヨウマツ（ブリスルコーンパイン）としても知られる種。もともとこの樹種は、*Pinus aristata*（イガゴヨウマツ）に分類されていたが、近年になって別種の *P. longaeva* として区別されるようになった。*P. aristata* は *P. longaeva* と区別するために分布地名からコロラドイガゴヨウマツと呼ばれることがある。そこでこの *P. longaeva* は、主な分布地名からネバダイガゴヨウマツとした。

悟りの木、菩提樹

世界で最も重要な巡礼地の一つ

インドボダイジュ　*Ficus religiosa*　クワ科イチジク属
マハーボーディ寺院（インド・ブッダガヤ）

伝説によると、ネパールの王子だったシッダールタは、紀元前600年頃、29歳のときに自分なりの生き方を求めて、旅に出た。恵まれた立場を捨て、苦行に打ち込むことで、この世から苦しみを取りのぞく方法を見出したいと願ったからだ。断食や瞑想を行ないながら数年間にわたって旅を続け、やがてインドのブッダガヤに到着する。そこで宇宙の真実にたどり着くまではこの場を動かないと誓い、一本のインドボダイジュの木の下で瞑想をはじめた。その後、ここで悟りを開き、仏陀となった。その出来事は力強い宗教運動となって、世界に広がった。

仏陀が悟りを得た場所に立っていた木のことを、人々は「菩提樹（ボーディ・ツリー）」と呼ぶようになった。「悟りの木」という意味だ。紀元前260年頃、熱心な仏教徒であったインドのアショカ王が、その聖なる出来事を記念して、菩提樹の真東にマハーボーディ寺院を建立した。仏教徒（ヒンドゥー教徒やジャイナ教徒も）は、インドボダイジュをすべからく神聖な木と考えているが、本来は、挿し木や植え替えなどによって「仏陀が悟りを開いた場所に立っていた菩提樹」そのものに起源をもつ木だけが、「菩提樹」と呼ばれる資格をもつ。

初代の菩提樹の子孫を増やしておいたことは、先見の明のある行ないだった。なぜなら数百年間のうちに、その木は何度も再生されることになったからだ。今日マハーボーディ寺院に立っている菩提樹は、1881年にスリランカのアヌラーダプラにある菩提樹からもらった挿し木から育ったもの。そのアヌラーダプラの菩提樹は、紀元前288年に初代の菩提樹からもらった挿し木だった。マハーボーディ寺院の菩提樹は、仏教徒にとって、世界で最も重要な巡礼地の一つとなっている。

ニュートンのリンゴの木

万有引力の法則 発祥の木

‘ケントの花’　*Malus domestica*‘Flower of Kent’　バラ科リンゴ属
ウールスソープ荘園（英国リンカーンシャー州）

「知の木」と呼ぶにふさわしい木があるとしたら、このケントの花というセイヨウリンゴの木がぴったりだ。かの有名な物理学者アイザック・ニュートンの生家、ウールスソープ荘園の果樹園に立つ木だ。1665年、ケンブリッジ大学は、ロンドンを襲った最後のペストの大流行により、休校となった。同大学で数学を学んでいたニュートンは、リンカーンシャーの自宅へ帰るよりなかった。だがそこで思いがけないひらめきを得ることとなる。

自宅で過ごしていたニュートンは、果樹園のリンゴが一つ、木から落ちるところをたまたま目にした。そしてなぜ、リンゴは横や上に向かってではなく、まっすぐ下に向かって落ちるのだろう、きっとすべての物体を地球の中心に向かって引っ張る力が存在するにちがいない、と考えた。のちに万有引力の法則を導き出すきっかけとなった出来事として、歴史に刻まれているひらめきの瞬間だ。

数百年の寿命をもつほかの樹木と比べると、リンゴは長寿ではない。現在、ウールスソープ荘園を管理している英国ナショナル・トラストによると、この木の寿命が延びたのは、幸運な偶然のおかげだった。1816年の嵐でこの木は一度倒れたのだが、そのまま息絶えるどころか、新たに根を張ってよみがえったという。今日では、地球上で最高齢のリンゴの木と考えられており、今でも実をつける。

トゥーレの木
風の神から授かった、不死の象徴

メキシコラクウショウ　*Taxodium mucronatum*　ヒノキ科ヌマスギ属
サンタ・マリア・デル・トゥーレ（メキシコ・オアハカ州）

メキシコのオアハカ州にある小さな町、サンタ・マリア・デル・トゥーレのまん中に、メキシコラクウショウの巨樹がある。この地方の現地語であるナワトル語では、「アーウィウェイティ」と呼ばれている。「水の老人」という意味だ。この木は1200年前から3000年前に沼地で誕生し、水辺を好むガマやイグサなどの植物に囲まれて生きてきた。その歴史にぴったりの名前だ。ちなみにナワトル語では水辺の植物を「トゥーレ」といい、それが現在の呼び名の由来となっている。このトゥーレの木は、世界最大のメキシコラクウショウで、枝の広がりも樹齢も世界一だ。幹回りは42メートルという驚異的な大きさである。

オアハカ州の先住民であるサポテク族は、この木を文化の誇りの源としてだけでなく、不死の象徴としても、長いあいだ崇敬の対象としてきた。伝説によると、アステカ族の風の神エエカトルにつかえる司祭ペチョチャから授かった木とされている。メソアメリカを征服したスペイン人は、18世紀にこの木の横にローマカトリック教会を建てたが、トゥーレの木の隣では、いかにも小さく見える。

何世紀か経つうちに、サンタ・マリア・デル・トゥーレから湿地が消えた。その後、人口増加にともない地下水面が低下し、近くにパンアメリカンハイウェイが開通すると、大気汚染が著しく進んだ。1992年、こうした環境の変化によって、トゥーレの木が深刻な健康リスクを負っていることが明らかになる。メキシコ政府は、安全が確保される距離まで車道のルートを遠ざけ、1995年には特別な井戸を掘るなどして、トゥーレの木を守った。

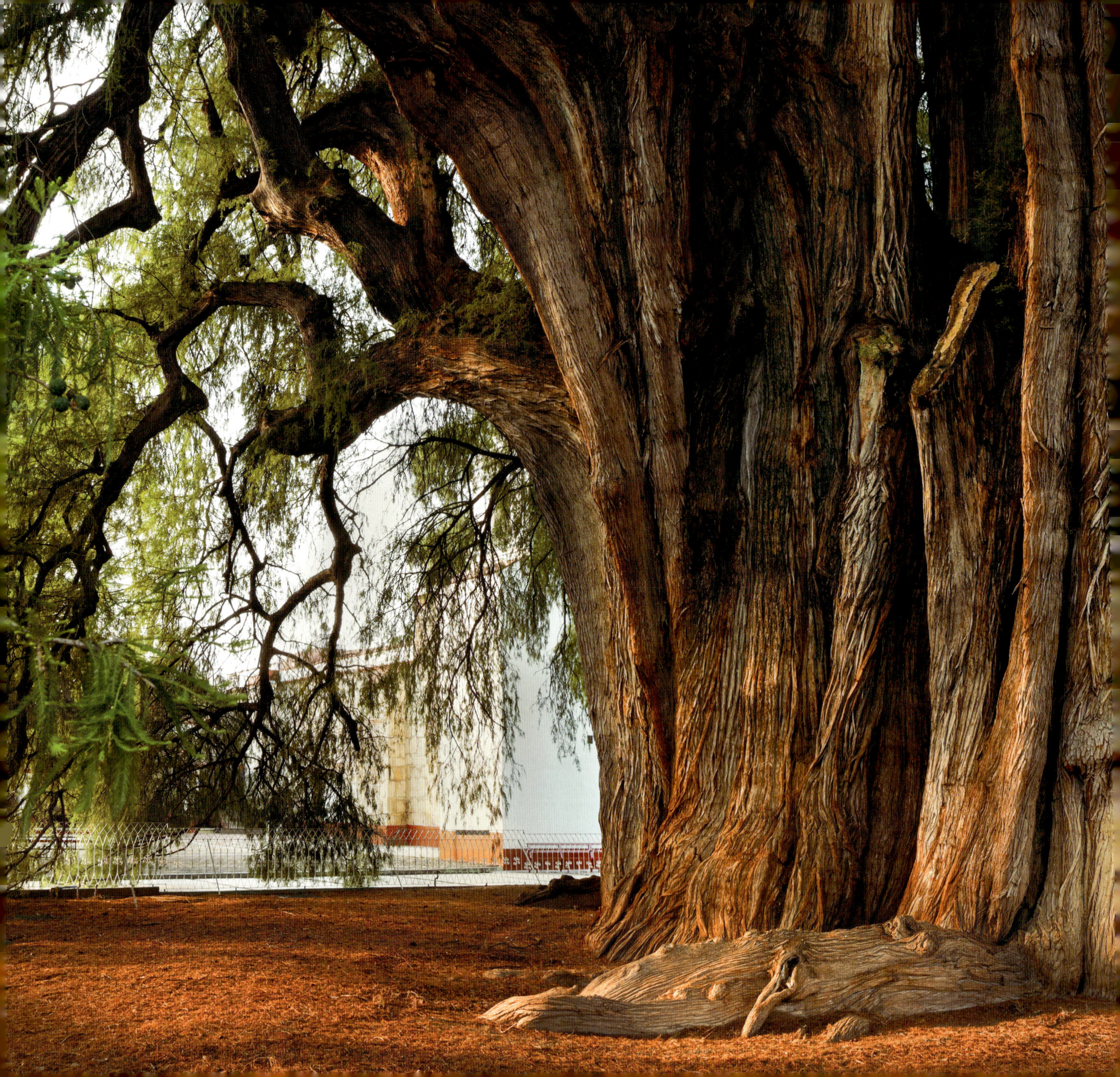

子授け銀杏（イチョウ）

心を入れ替えた、子どもの守り神

イチョウ　*Ginkgo biloba*　イチョウ科イチョウ属
雑司ケ谷 鬼子母神堂（東京）

安産と子育ての神様を祀（まつ）る雑司ケ谷の鬼子母神堂は、1578年に建立された。境内には「子授け銀杏」と呼ばれる都内最大級のイチョウがあり、樹齢は700年以上と推定される。鬼子母神を信仰する女性に子を授け、安産を約束し、生まれた子を守るなどのご利益を授けてくれるといわれている。

だが鬼子母神は、初めから慈悲に満ちた守り神として知られていたわけではない。自身も数千人の子をもつ母であった鬼子母神は、日頃はよその子どもをさらって食べては、わが子を養っていた。子を奪われた母親たちは嘆き悲しみ、釈迦に助けを求めた。釈迦は鬼子母神を懲らしめるため、末の男の子をさらい、茶碗をかぶせて隠した。鬼子母神は、姿の見えないわが子を求めて半狂乱で世界中を駆け巡り、釈迦にすがった。数千人のうちの一人を失ってもこれほどつらいのだから、たった一人の子を奪われた母親たちの苦しみを考えてみよ——釈迦にそう諭されると、鬼子母神は心を入れ替えて、以後、子どもの守り神となることを誓った。

イチョウは雌雄異株、つまり雄の木と雌の木がある植物だ。雄株は花粉を生じ、受粉した雌株は、地面に落ちると強烈な臭いを放つ実をつける。ちなみに鬼子母神堂に祀られている神様は女性だが、このイチョウは雄株だ。

奉納
武芳稲荷大明神
奉納
武芳稲荷大明神
稲荷大明神
奉納
稲荷大明神

祇園の枝垂桜（シダレザクラ）

歴史を受け継ぐ、圧巻の夜桜

‘枝垂桜’　*Prunus itosakura*‘Pendula’　バラ科サクラ属
円山公園（京都・祇園）

日本の花見という慣習は、ウメを愛でながら春を祝う行事として奈良時代（西暦710～794年）に始まった。平安時代（西暦794～1185年）になると、花見といえばサクラを指すようになり、年中行事として盛んになった。日本では、春が来てサクラが咲いたら、少し立ちどまって はかない人生の美しさについて思いをめぐらすときだとされている。

京都の円山（まるやま）公園には600本以上のサクラがあるが、なかでも圧巻なのが樹齢80年の枝垂桜だ。エドヒガンの栽培品種で、一重で白い花をつける。春には夜桜を観賞できるよう、日没から翌日の早朝までライトアップされる。

円山公園の枝垂桜には、この木の長寿と健康を守るために、専属の桜守（さくらもり）がいる。当代の佐野藤右衛門（とうえもん）は、桜守の肩書を父から、彼の父はその父から受け継いだ。全体を覆っているベールのような薄い金網は、鳥による病気の感染を防ぎ、貴重な花を食い荒らされないようにするための予防策の一つだ。

樟の霊木

寿命を延ばす御神木

クスノキ　*Cinnamomum camphora*　クスノキ科クスノキ属
來宮神社（熱海）

この木の枝を折ったり葉をつぶしたりしてみれば、間違いなく樟脳の香りがするだろう。昔からクスノキは、薬や防虫剤として人々の暮らしのなかで重宝されてきた。樟脳油は咳止めの塗り薬や衣服の防虫剤に、香りの良い木材は戸棚の材料などに使われる。

だが熱海にある來宮神社のクスノキは「御神木」とされていて、間違ってもそのような日常的な用途のために伐り倒されることはない。幹には、神聖な木であることを示す、紙垂を下げた注連縄が巻かれている。

樹齢が約2000年と推定されるこの大樟は、神道の信徒にとって、とりわけ深い意味をもっている。この神社は、もとは木宮神社、つまり「木の神社」という名前だった。このクスノキには神――山や川、樹木、雨といった自然物や自然現象に宿る精霊――が住んでいるとされており、その太い幹を一周するごとに、参拝者の寿命が一年伸びると信じられている。

親鸞の銀杏（イチョウ）

空海と親鸞ゆかりの巨樹

イチョウ　*Ginkgo biloba*　イチョウ科イチョウ属
麻布山 善福寺（東京）

イチョウという植物は少々別格だ。一つの種だけで属、科、目、綱を構成する、まさに一匹狼といえる。それ以上に特別なのは、化石に見られるように、2億年以上前からほとんど変化していないことだ。恐竜と同時代を生きたこともある、並はずれてたくましい種なのだ。

東京都内で最高齢のイチョウの木は麻布山 善福寺の境内にある。種の歴史にふさわしく、苦難を乗り越えて生き残った木だ。この場合の苦難とは、米軍が第二次世界大戦中に降らせた焼夷弾（しょういだん）のことになる。だが、この大銀杏（おおいちょう）が伝説的な存在となった本当の理由は、その由緒にある。

善福寺は西暦824年に真言宗の開祖、空海によって開かれた。それから数世紀後の1232年、当時の住職が、庶民に人気を博していた浄土真宗の開祖、親鸞に傾倒した。言い伝えによると、この寺を訪れた親鸞が、去り際にイチョウの枝でつくった杖を地面に突き刺し、そこからイチョウの木が生えると予言したそうだ。それから800年近くたつが、その時の木は、今も元気に生きている。

天然記念物善福寺ノ公孫樹
祖師聖人御杖銀杏樹

ブヌッ・ボロン

ヒンドゥー教徒の祈りの結晶

ベンガルボダイジュ　*Ficus benghalensis*　クワ科イチジク属
アサデュレン村（インドネシア・バリ島西部）

インドネシアのバリ島西部にあるアサデュレンという村からそれほど遠くない丘の急斜面に、目を疑うような姿で立つイチジクの霊木がある。バリ語で「ブヌッ・ボロン」と呼ばれる木だ。「ブヌッ」はイチジク、「ボロン」は「穴」を意味する。この木の幹には、2台の車がすれ違えるほど大きな穴が開いている。

この地域を通る道路の建設計画が持ち上がったとき、地形上の問題から、この木を迂回して道路をつくることは、技術的に不可能と判断された。さりとて霊木を伐り倒すことは、バリ島のヒンドゥー教の教えに反する。そこで唯一の解決策として、木の幹の真ん中にトンネルをつくって道路を通すこととなった。工事に先立ち、信者たちは木の霊に許しを乞う祈りを捧げた。だが穴を開けられたあとも、この木は弱ることなく元気に生き続け、イチジクらしく、次々に枝から地面に向かって気根を伸ばし、新たな幹を増やしながらどんどん太くなっていった。

トンネルの内側には「サプッ・ポレン」という白黒の市松模様の布が張られている。この木には神霊が宿っているという印だ。白と黒の四角の数が同数の市松模様は、ヒンドゥー教の原理――すなわち、悪のないところに善はない、夜のないところに昼はない、悲しみのないところに喜びはない、死のないところに生はない――を表している。ヒンドゥー教徒は、この木の中をくぐるたびに、万物の均衡に思いを致す。

車の往来が頻繁な道路が主幹を貫通しているにもかかわらず、村の人たちは毎日、この霊木に向かって祈りを捧げる。なお、新郎新婦は車であれ徒歩であれ、この幹の中を一緒に通るべからず、という興味深い言い伝えがある。結婚が破綻するそうだ。

クルクルの鐘楼

古い時代の名残を残す

ベンジャミン　*Ficus benjamina*　クワ科イチジク属
クヘン寺院、チェンパガ村（インドネシア・バリ島東部）

11世紀に建立されたヒンドゥー教のクヘン寺院があるのは、バリ島東部のバンリ地区。村々を見渡す南向きの斜面に立っている。寺院の第一中庭にあるこのベンジャミンの巨木の樹齢は、700年と推定されている。近縁種のベンガルボダイジュ同様、ベンジャミン（枝垂榕樹（シダレヨウジュ）ともいう）も、バリ島のヒンドゥー教徒にひじょうに大切にされている。とくにこの木は、境内のなかでも一等地に立っているため、「クルクル」という、バリで何世紀も使われてきたコミュニケーションの道具を鳴らすための鐘楼として使われている。

クルクルというのは木製の鐘のようなものだ。内部をくり抜いた長い木に、縦に1本の切れ込みが入っている。打つと大きな音がして、かなり遠くまで聞こえる。遠方まで音を届かせるために、鐘楼は高い場所に設けられる。神様を呼んだり、礼拝のために村人を集めたり、特別な儀式の開始を知らせたりなど、目的によって、打ち鳴らすリズムを変える。

このベンジャミンの木の上に据えられたクルクルの鐘楼は、古い時代の名残である。クルクルは現代の地域社会でも使われているが、霊木よりも、石造りの塔などに設置されることが多い。

お菓子屋さんの木

女神シーターラーの化身

インドセンダン　*Azadirachta indica*　センダン科インドセンダン属
サーダー菓子店（インド・バラナシ）

ニーム（インドセンダン）は、インドボダイジュやベンガルボダイジュと並んで、インドで最も神聖とされている木だ。伝統医学では何世紀にもわたって、木のあらゆる部分が利用されてきた。地方では今なお、痛みや発熱、感染症、その他の慢性疾患の症状を軽減するために使われている。ニームを「村の薬局」と呼んで、頼りにする人も多い。

ディーパク・ヤドーの一家は、このニームの木の下で商売をはじめた。初めは簡素な屋台で菓子を売る露天商だった。毎日、この木に祈りを捧げ、供え物をあげ続けるうちに、商売は軌道に乗った。金糸の刺繍をほどこした布で飾られているこの木は、健康と富をもたらすとされる女神シーターラーの化身だ。

商売は順調に伸びていき、いよいよ店舗を構えることになった。ヤドー一家はヒンドゥー教の教えに従って、木を伐り倒すのではなく、幹を囲むようにサーダー菓子店を建てることにした。今も、情け深いシーターラーを敬い、守り続けている。

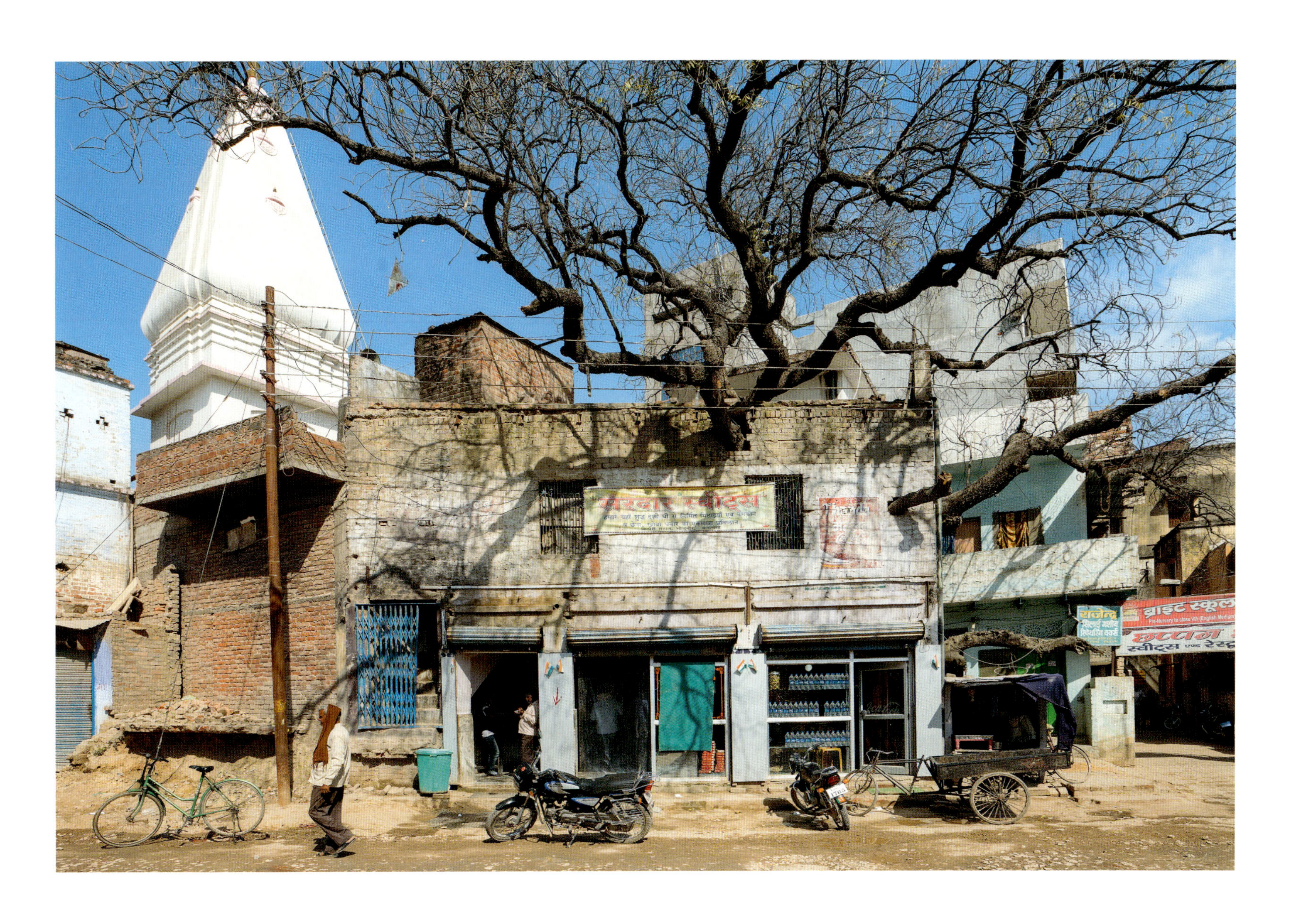
राजेन्द्र
ब्राइट स्कूल
Pre-Nursery to class Vth (English Medium)
स्वीट्स

幽霊の木

下帯と大麻を好む霊の住み家

インドボダイジュ　*Ficus religiosa*　クワ科イチジク科
バガヒ・カムハプール（インド）

　霊木といわれるインドボダイジュの葉は、先のとがったハート形をしている。長い葉柄の先に下向きについた葉は、かすかなそよ風にも揺れる。いつも小刻みに揺れているため、ヒンドゥー教ではインドボダイジュのなかには聖なるものが住んでいると考えるようになった。

　インドのウッタル・プラデーシュ州バガヒ・カムハプール村の近くにあるこのインドボダイジュは、善良な霊が宿る「幽霊の木」だと考えられている。この木の霊たちは、信仰の証（あかし）として受け取る供え物について、少々変わった好みをもっている。赤いランゴット（枝からぶら下がっている、昔ながらの男性用の下帯）と大麻（マリファナ）だ。

　レンガを輸送するトラックが通るときには、祝福と加護を受けるためとして、2個以上のレンガを供えることになっている。このインドボダイジュのおかげでたくさんのレンガが集まったので、村人たちはこの木のために地面を美しく整備した。

ハヌマーン寺院の菩提樹

猿の神の「苦しみを取りのぞく力」

インドボダイジュ　*Ficus religiosa*　クワ科イチジク属
デュク・ハラン・ハヌマーン寺院、シバラ（インド・バラナシ）

インドボダイジュは、ヒンドゥー教において数千年にわたって特別な地位を占めてきた。ヒンドゥー教は現在も大勢の信者をもつ世界最古の宗教であり、樹木の姿に変化（へんげ）した神々を崇拝する儀式が数多くおこなわれている。インドボダイジュへの日々の祈りは、宇宙を守護するビシュヌ神に捧げられる。だが、シャニという恐ろしい神が降臨する土曜日だけは例外だ。

シャニは、ヤマ（閻魔（えんま）大王）の兄弟。気が短く、道を踏み外した者に厳しい罰を与えることで知られている。ヤマの激しい怒りを鎮められるのは、猿の神ハヌマーンしかいない。言い伝えによると、かつてハヌマーンは、悪知恵と怪力を駆使して、魔王ラーバナに囚われていたシャニを救い出した。そのお返しとしてシャニは、ハヌマーンの信者を決して傷つけないことを誓ったという。

インドの聖地バラナシにあるデュク・ハラン・ハヌマーン寺院では、ハヌマーン神と、寺の名の由来にもなっているハヌマーン神の「デュク・ハラン」、すなわち「苦しみを取りのぞく力」に対して、日々の祈りを捧げている。そして毎週土曜日だけは、祈祷の対象にシャニが加わる。人々はシャニのマントラを唱え、胡麻油を入れた小さなランプを供え、寺のインドボダイジュの幹にシンドゥールという朱色の顔料をすりこむ。最後に木のまわりを7周する。そのとき、シャニの怒りから必ず守ってもらえるよう祈りをこめながら、一周ごとに色のついた糸を幹に巻きつけていく。

アッシー・ガート堂の菩提樹

聖地バラナシに立つ信仰の木

インドボダイジュ　*Ficus religiosa*　クワ科イチジク属
アッシー・ガート堂（インド・バラナシ）

インドボダイジュは、インドで最も神聖な木の一つである。ハート形の葉は、紀元前2600年から同1900年頃にインド亜大陸の北西部に栄えたインダス文明の遺跡から出土した遺物にも描かれている。菩提樹の下で仏陀が悟りを開くはるか以前から、この木が尊ばれていたことがわかる。

今日のヒンドゥー教では、インドボダイジュをビシュヌ神の化身として崇拝する人々と、三大神――すなわちビシュヌ（維持する神）、ブラフマー（創造の神）、シバ（破壊と再生の神）――が合体した、三神一体の化身として崇拝する人々がいる。幹はビシュヌ神、根はブラフマー神、枝葉はシバ神を表すと考えられている。

聖地バラナシには、「ガート」と呼ばれる川に降りるための階段が、80カ所以上ある。アッシー・ガート堂は、アッシー川とガンジス川が合流する縁起の良い場所にある。ここには、ある聖人が大昔に植えた木として崇められている一本のインドボダイジュがある。信徒たちは、ガンジス川の聖なる水に入る前に、この木を拝み、マリーゴールドの花や米、小さな陶器のオイルランプや砂糖の結晶、川から汲んできた水などを供える。

女神シータラーの木

万病を癒やす、慈悲深い存在

インドセンダン　*Azadirachta indica*　センダン科インドセンダン属
ナガンビールババ寺院（インド・バラナシ）

　ヒンドゥー教では、生きとし生けるものに神が宿ると考える。ニーム（インドセンダン）の霊木は、女神シータラーの化身とされている。天然痘がまだ猛威をふるっていた時代には、シータラーがこの流行り病から人々を守ってくれると考えられていた。「シータラー」は、サンスクリット語で「冷やす者」という意味。実際にニームの葉は、天然痘の症状緩和や、解熱に使われていた。

　ニームは、サンスクリット語では「万病を癒やす者」と呼ばれている。その名にふさわしく、現代のヒンドゥー教では、シータラーはあらゆる種類の恵みを与えてくれる慈悲深い存在とされている。

　聖地バラナシのナガンビールババ寺院では、華やかな柄の赤い布や真鍮の仮面で、ニームの木を飾る。シータラーと、より親密な関係を築くためだ。この寺院はガンジス川沿いのバーダイニ・ガート近くにあり、管理人の男性が訪問者に体験談を聞かせる。彼の息子は、重い病を背負って未熟児で生まれ、医者にも見放されていたのに、シータラーが彼の祈りを聞き届けて息子を救ってくれたという話だ。この男性と近隣の住民が、この木に足しげく通って慈悲深い女神に祈りを捧げている。

赤ん坊の墓になった木

古い慣習を今に伝える

プライ　*Alstonia scholaris*　キョウチクトウ科アルストニア属
トンバン・コーテ村（インドネシア・南スラウェシ州）

プライは、インド亜大陸および東南アジア原産の熱帯常緑樹で、じつに役に立つ木だ。インドではかつて、小学生が使う筆記板をこの木で作っていた。スコラリスという種名や、コクバンノキというプライの別名は、そこから来ている。ボルネオでは、根に一番近い部分を漁網の浮きに使う。スリランカでは、軽い木材が棺（ひつぎ）づくりに利用されている。南スラウェシのタナ・トラジャ地方では、プライの立木を使った独特の樹木葬がおこなわれていた。

トラジャ族の葬儀は盛大だ。彼らは葬式を祝福の儀式と考える。おとなが亡くなった場合、弔いは何日間も続き、数多くの客が招かれる。弔問客は各自、生け贄にする豚や水牛を持参する。一方、子どもが幼くして（歯が生える前に）亡くなった場合には、現在とはまったく違う葬儀がおこなわれていた。トラジャ族の大半は1950年代にキリスト教に改宗したが、それ以前、赤ん坊は木の幹の中に埋葬されていたのだ。

まず幹を彫って窪みをつくり、布にくるんだ幼児の遺体を立てて安置する。そしてヤシの繊維で編んだ扉を取りつける。プライの木が選ばれたのは、乳白色の樹液が母親の乳を思わせ、赤ん坊が旅立ったあとも栄養を与えてくれるのではないかと考えられたからだ。一本の木の幹に複数の赤ん坊が埋葬されることもあるが、墓の位置には家族の身分が反映される。高い場所ほど、家族の格も高い。南スラウェシではこうした樹木葬はもう廃れてしまったが、木の墓地はそのまま管理されている。

ダービーのバオバブ

かつての納骨堂、今は“監獄”

オーストラリアバオバブ　*Adansonia gregorii*　アオイ科バオバブ属
ダービー（オーストラリア・キンバリー地方）

マダガスカルやアフリカ大陸に育つバオバブが、いつどのようにしてオーストラリア西部のキンバリー地方に根づいたのか、正確な経緯はわかっていない。一説には、7万年ほど前にアフリカ大陸を出た人々が、栄養価の高いバオバブの果実や種を携えていたのではないかといわれている。

キンバリー地方の先住民アボリジニにとって、バオバブは並外れて貴重な存在だった。精神面では、力強い精霊の宿る場所として人々の心の支えとなり、実用面では、乾季の豊かな水源として命を支える。幹内部のスポンジ状の組織には、成木1本当たり最大で10万リットルもの水が蓄えられるといわれている。莢（さや）の中の柔らかい果肉には、豊富なビタミンCが含まれていて、水と混ぜれば栄養満点の柑橘（かんきつ）系ドリンクになる。

ダービーの町はずれに立つこのバオバブの木の樹齢は、1500年ほどと見られている。この地域を訪れた人類学者が残した古い記録によると、アボリジニの人々は、この木を納骨堂、つまり遺骨の永眠の地として使っていたらしい。また、この木は20世紀初頭に家畜泥棒などの罪に問われたアボリジニを一時監禁するための牢だった、という話もよく聞かれるが、こちらについての根拠はない。

だが「監獄の木（プリズンツリー）」という異名は人の関心を引きやすいため、この怪しげな話は根強く残っている。この地方の歴史に詳しい文化人類学者によると、単なる噂話であっても、年間数千人の集客力をもつダークツーリズムの目玉となってしまった今では、「アボリジニの監獄」というストーリーを訂正しようという動きは広がらないという。その結果、バオバブがキンバリー地方の先住民に対してもっていた本当の意味は、十分に理解されないままとなっている。

墓地の木「タケタケラウ」

マオリ族の傑物が眠る

プリリ　*Vitex lucens*　シソ科ハマゴウ属
フクタイア・ドメイン、オポティキ（ニュージーランド・北島）

今から8000万年前、超大陸ゴンドワナからニュージーランドが分離した。新たに生まれたこの陸塊では、生物が独自の進化を遂げる。13世紀になって、最初の人類がポリネシアからこの地に着いたとき、彼らは世界中のどこにも見られないような動植物を目にした。その一つが、ニュージーランドの固有種プリリだ。

プリリは緻密で重く、腐敗しにくい。マオリ族の人々は、この木を使って防塞を築いた。散弾銃の弾丸を弾（はじ）き返す強度があったという。生命力も素晴らしく、嵐で倒れても、すぐにまた根付く。さらに、多くの北部マオリ族にとって、プリリは死者の埋葬にかかわる神聖な役割も担っていた。

「タケタケラウ」は、ニュージーランドのオポティキにあるプリリの霊木だ。古代にこの地方に住んでいたウポコレへというマオリの一部族が、傑出した人物の永眠の地として使っていた。敵対する部族に汚されることのないよう、遺骨は森の奥深くにあるこの木の洞（うろ）に巧みに隠され、守られてきた。ヨーロッパ人が移住しはじめた頃、嵐でこの木が倒れて、内部がさらされてしまった。そのときは、マオリ族が遺骨を引き取って別の場所に埋葬した。

マオリ語の「タケタケラウ」は、「多くの葉を支えられる、強い老木の幹」という意味だ。その強さは2000年以上たった今も変わっていない。

愛(テ・アロハ)の木

過酷な地で生き続ける、魂の帰り道

ポフツカワ　*Metrosideros excelsa*　フトモモ科ムニンフトモモ属
レインガ岬(ニュージーランド・北島)

ニュージーランドだけに生息するポフツカワ。沿岸に分布するフトモモ科の常緑樹で、11月から1月にかけて真っ赤な花を咲かせる。その盛りがちょうど12月中～下旬にあたるため、「ニュージーランド・クリスマス・ツリー」とも呼ばれている。レインガ岬に生えている一本のポフツカワは、これまで一度も花を咲かせたことのない変わった木だが、「愛(テ・アロハ)の木」と呼ばれていて、マオリ族の人々にとても大切な木だとされている。

マオリの文化では、亡くなった人の魂は、ニュージーランド北島の最北端にあるレインガ岬へ行くと信じられている。マオリ族はこの岬を「テ・レレンガ・ワイルア(魂が飛び降りる場所)」と呼ぶ。人が亡くなると、その魂はこのポフツカワの霊木の根を伝って、先祖の土地、ハワイキへと帰って行く。

愛の木は、つねに強風と波しぶきにさらされながら、崖の岩棚にへばりつくように生えている。そんな過酷な環境で、この木は推定800年間にわたって生き伸びてきたのである。

森の主（ぬし）「タネ・マフタ」

深い森で樹齢を重ねる、国生み神話の主役

カウリマツ　*Agathis australis*　ナンヨウスギ科ナギモドキ属
ワイポウアの森（ニュージーランド・北島）

ニュージーランドで最も有名な木は、「タネ・マフタ」という名の世界最高齢のカウリマツだ。タネ・マフタとは「森の主（ぬし）」という意味。樹高は約50メートル、幹回りは約14メートルあり、樹齢は約2000年と推定されている。この木はニュージーランドに最初の人類が（おそらくポリネシアから）到達した時期よりも約1000年早く、この地で芽を出した。

1700年代になってヨーロッパ人が移住をはじめると、彼らはすぐに、カウリマツの若木が抜群に造船に向いていること、そして古木は木材として理想的であることに気がついた。重宝がられ、需要が際限なく拡大した結果、豊かだったノースランド地方のカウリマツの森は、1900年代初頭までに9割以上が失われた。

マオリ族の神話では、かつて空の父ランギヌイと大地の母パパトゥアヌクは、固く抱き合っていた。そのため世界には光が差さず、子どもたちは二人の間の闇の中に閉じこめられていた。両親を引き離す役目に選ばれたのが、子どものうち一番の力持ちだったタネである。タネは自分の肩を母親に押し当て、両脚で父親が空高く上がるまで力いっぱい押し上げた。両親が離れると、すき間からようやく光が降りそそぎ、世界に生命誕生の兆しが見えてきた。タネはすかさず母なる大地に次々と生き物を配置していった。こうしてタネは、地球に生命を吹き込んだ者として知られるようになった。

かりにも「森の主」が伐採されるようなことがあれば、おそろしい皮肉というほかない。そのような憂き目をまぬがれてきたのは、ひとえにこの木が森の奥深い場所にあったおかげだ。

ナナカマドの霊木

北欧神話の一場面を体現

セイヨウナナカマド　*Sorbus aucuparia*　バラ科ナナカマド属
ノイトフーサギール峡谷（アイスランド）

アイスランドのノイトフーサギール峡谷に、ナナカマドの霊木が生えている。その姿は、もう一度、雷神トールを救おうと、絶壁から枝を差し伸べているように見える。さながら北欧神話の一場面のような情景だ。かつてトールは、ビームル川の激流に飲まれそうになったとき、ナナカマドの枝につかまって難を逃れたといわれている。北欧の多くの文化圏では、ナナカマドの木に魔法の力が宿っていると考えられていて、避雷針や魔除けとして、家のそばによく植えられる。

とくにアイスランドでは、ナナカマドの木を傷つけたり伐り倒したりするのは縁起の悪いこととされている。ある伝説では、羊飼いが草刈り鎌の柄にしようとナナカマドの枝を切ったところ、罰（ばち）が当たって、次の冬に羊が一頭残らず死んでしまったという。無実の罪を着せられて亡くなった人の墓には、ナナカマドが生えるという言い伝えもある。

ノイトフーサギール峡谷のこの霊木は、アイスランドで最高齢のナナカマドとされている。1937年に雪の重みで主幹が折れてしまうまでは、最大ともいわれていた。峡谷を見下ろすやや不安定な場所に立ってはいるものの、折れたあとも根元から幹を何本も伸ばして、元気に生きている。

マグナカルタのイチイ
古い信仰が今に続く

セイヨウイチイ　*Taxus baccata*　イチイ科イチイ属
アンカーウィック、レイズベリー（英国・ステインズ）

　古木の専門家によると、英国のウィンザー近郊のテムズ川沿いに広がる草原に立つこのイチイの樹齢は、2000年から2500年だそうだ。イチイはもともと、きわめて長寿であることや、下向きに伸びた大枝が地面に根付いて新たな木となることが知られていて、樹齢そのものは驚くほどではない。だがこの木が、とりわけキリスト教が伝わる以前の社会において、崇拝の対象とされてきた大きな理由は、その長寿にある。

　マグナカルタのイチイ（別名「アンカーウィックのイチイ」）は、1215年にイングランド王のジョンが、マグナカルタ（大憲章）に署名した際の舞台となった場所だといわれている。のちにアメリカ合衆国憲法の起草にも影響を与えた、法の基本原則を示した文書だ。歴史的な逸話はもう一つある。1530年頃に、イングランド王ヘンリー８世とアン・ブーリンが初めて密通したのも、この木のもとだったといわれている。アン・ブーリンは、王の二人目の妃となったのち、不幸な運命をたどった。

　キリスト教以外の信仰をもつ人々は、今でもこの木を敬い、供え物をする。ほかの多くの宗教と同様に、樹木には精霊が宿っていると考えているのだ。彼らは木の幹に触れ、コンコンと叩いて自分がそこにいることを知らせ、慈愛に満ちた精霊に恩恵を求める。こうした慣習は、数世紀にわたって続いている。不幸なことが起こらないよう「木を叩く」という、現代に残るおまじないの表現は、この慣習に由来するといわれている。

永遠の榕樹（ヨウジュ）

“次の世界”に生命を吹き込む

ベンガルボダイジュ　*Ficus benghalensis*　クワ科イチジク属
ガヤー（インド）

ベンガルボダイジュは成長が早く寿命の長い木で、無限に自己増殖する能力をもっている。枝からは気根が伸び、地面に届くとそれが新たな幹となって、どんどん太くなっていく。インドのガヤーにあるこのベンガルボダイジュは、この国で最も大切にされている木の一つだ。

ヒンドゥー教では、この霊木を「アクシャヤ・バタ」、つまり「永遠の榕樹」と呼ぶ。世界が消滅するとき、この木だけは洪水をまぬがれて生き残り、その後、この木の葉にくるまれた赤ん坊のクリシュナが現れて、世界に生命を吹き込むと信じられている。

だが、そんな恐ろしいことが起こるその日までは、この霊木は願い事をかなえてくれる木だ。人々は、願い事を託した布きれをこの木に結ぶ。一番多いのは、子を授かるようにという願いだ。成就したあかつきには、戻って来て自分の布を外すことになっている。見つけることができればの話だが。

絵馬の木

願い事を受け入れるクスノキ

クスノキ　*Cinnamomum camphora*　クスノキ科クスノキ属
明治神宮（東京）

明治神宮は東京で最大の神社だ。明治維新後、日本の近代化を象徴する明治天皇と、昭憲皇太后を祀(まつ)るため、1920年に創建された。永遠の森となることを目指して、全国から10万本にのぼる樹木が集められ、この神社の境内に植えられた。本殿のそばには、大切な役目を担う一本のクスノキが立っている。絵馬の木だ。

参拝者は、絵馬に願い事を書き、クスノキの周囲にめぐらせた専用の柵に掛ける。神道は、森羅万象に宿る神への崇拝を基本理念としている。ここに絵馬をかける参拝者は、このクスノキに宿る神に願い事をすることになる。絵馬には、いろいろな言語で願い事が記されていて、健康や富、商売繁盛、恋の成就、受験の成功など、さまざまな祈りが掲げられている。

祈願絵馬掛

靴の木

奇妙な米国版願い事の木

ユタビャクシン　*Juniperus osteosperma*　ヒノキ科ネズミサシ属
ハレルヤジャンクションそばの国道395号線上（米国カリフォルニア州）

国道395号線にカリフォルニア州道70号線が突き当たるハレルヤジャンクションのすぐ北には、およそ人の気配を感じさせるもののない風景が、延々と続いている——靴が鈴なりになったこのネズミサシを除いては。この木に向かって自分の履物を投げずにはいられなかった人たちは、たいてい投げる前に、なにか願い事を書いている。世界のほかの地域のものとはだいぶ趣が異なるが、米国版「願い事の木」だ。

ネバダ州のリノから北西約50キロの地点にあるこのハレルヤジャンクションのそばで、一体いつからこの習慣がはじまったのか、誰も正確なことは知らない。だが、かれこれ数十年続いていることは間違いない。ネズミサシの樹高が9メートルを超えることはめったにないので、願い事をするのにそれほど高く靴を放り上げる必要はない。

さいわいこの木はかなり頑丈ではあるが、それでもカリフォルニア州運輸省の職員が頻繁に靴を撤去しに来ている。冬ともなれば、たくさんの靴に加えて、氷や雪の重み、さらには強風まで加わるため、時おり大枝が折れる。枝ぶりが奇妙なのは、そのせいだ。

8-25-15
KARI-MARGO-DIANE
ROAD TRIP
I WISH OUR CHILDREN
MUCH SUCESS

ポートランドの願い事の木

人に希望を与える

セイヨウトチノキ　*Aesculus hippocastanum*　ムクロジ科トチノキ属
ポートランド（米国オレゴン州）

トチノキという木には、どこか人に希望を与えるところがあるらしい。ベルギーには、「釘の木」と呼ばれる一本のトチノキがある。釘を自分の体の患部にこすりつけてから、その木に打ちこむと、木が病を吸い取ってくれるという言い伝えがある。

アムステルダムには、アンネ・フランクに希望を与えた有名なトチノキがあった。アンネが家族とともに移り住んだ1942年から、裏切りに遭って強制収容所に送られる1944年まで暮らしていた隠し部屋にある、小さな窓から見えた木だ。日記には、大好きな木への思いが綴られている。「この木がある限り（もちろんずっとあるに決まっているけれど）、どんな哀しみもきっと癒やすことができる。どんな状況になったとしても」。不幸にもアンネがドイツの強制収容所から生きて戻ることはなかった。彼女を支えた木も、2010年の強風に倒れた。だが命が尽きる前の2009年、このトチノキの種は発芽し、その苗木は力強い希望の象徴として世界各地に配られている。

オレゴン州ポートランドの北東部には、住民がつくった「願い事の木」があり、多くの人の希望の花が咲いている。2013年の秋、ある母親と二人の子どもが旅行に出るとき、自宅の前にあるトチノキに、願い事を書いた小さな紙をぶら下げて行った。旅から戻ると、その木に近所の人々が同じように願い事を書いた紙を結んでいて、花綱（はなづな）で飾ったようになっていた。木はすっかり有名になり、今では地元の人も観光客も、指示に従って、小さな紙に願い事を書いては、木に結んでいくようになった。雨や風に飛ばされないかぎり、願い事はずっとそこにある。

友好の木

あの桜並木の裏話

‘染井吉野’　*Prunus × yedoensis* ‘Somei-yoshino’　バラ科サクラ属
タイダルベイスン（米国ワシントンDC）

1885年に初めて日本を旅行したエライザ・シドモアは、春にサクラを愛でる花見という日本の慣習に触れ、心を奪われた。シドモアは、ジャーナリストであり紀行作家であり、ナショナル ジオグラフィック協会初の女性理事でもあった。帰国するやいなや、シドモアはワシントンDCの一画を占める湿地帯に、数千本のサクラを植えて美化しようという計画をつくり、働きかけをはじめた。だが、その提案に賛同する人は、年を追うごとに減っていった。

それから数十年後、シドモアと、同じくサクラを愛してやまない植物学者デビッド・フェアチャイルドの二人はようやく、ポトマック川沿いの湿地をサクラ咲く美しい憩いの地に変えようという彼らのアイディアを採用してくれそうな政権を見つけた。後押ししてくれたのは、やはり花見の季節に日本へ旅行したことのある人物で、ファーストレディーになったばかりのヘレン・タフトだった。1909年、大統領夫人はシドモアとフェアチャイルドの計画を急いで進めるよう、ウィリアム・ハワード・タフト大統領を説得した。それによって、悪化しつつあった日米の緊張関係が和らげばという思いもあった。

1910年1月6日、東京市からワシントンDCに、最初の2000本のサクラが届けられた。（人気の高い栽培品種、染井吉野が中心だった。）ところが米農務省の検疫で、病原菌や寄生虫に冒されていることがわかると、一本残らず焼却するよう命じられる。それはすなわち、東京市からの親善の贈り物が、外交上の悪夢と化すことを意味していた。だが幸い、問題を知らされた東京市長の尾崎行雄は、穏便かつ気の利いた対応をとった。尾崎の自伝には、「率直に言って、サクラの木を台無しにしてしまうのは、初代大統領ジョージ・ワシントンから続く、貴国の伝統ではありませんか！　ご心配には及びませんよ」と米国側へ答えたとある。

1912年、改めて3000本以上のサクラの木が届いた。今度は検疫を通り、タイダルベイスンの周辺に植えられた。毎年、春のごく短い期間に花を咲かせ、訪れる人々に、人生のはかなさをほろ苦く思い起こさせてくれる。

ヒロシマの盆栽
歴史を乗り越えた、400年の芸術

ゴヨウマツ　*Pinus parviflora*　マツ科マツ属
米国立樹木園 盆栽盆景博物館（米国ワシントンDC）

1975年、まもなく建国200年を迎えようとしていた米国に、日本から祝いの品が届けられた。その一つが、広島の盆栽家 山木勝からワシントンDCにある米国立樹木園に寄贈された一鉢の貴重な盆栽である。盆栽とは、樹木をごく小さな鉢に入れて育てる日本の芸術で、一千年以上の歴史がある。剪定（せんてい）や刈りこみ、針金かけや根の調整といった特殊な技術によって、生きた芸術品が生まれる。

山木が寄贈したマツの鉢は、山木家に代々伝わるものだった。1625年から手入れの記録があり、世界最高齢の盆栽の一つに数えられる。この鉢の歴史には特筆すべき一幕があったが、山木は寄贈に際してそのことに触れなかった。

1945年8月6日の朝、米軍はリトルボーイという名の原子爆弾を広島に投下した。一瞬にして8万人の命が奪われ、街は壊滅した。爆心から2.5キロの山木家では、家中の窓ガラスが爆風で吹き飛ばされ、中にいた家族が怪我を負った。盆栽園は母屋のすぐそばに建っていたが、奇跡的に無傷だった。頑丈な壁が、代々伝わってきた数々の鉢を守ったのだ。世界の人々が、この盆栽が乗り越えてきた歴史を知ったのは、山木の孫たちが初めてワシントンの樹木園を訪れた2001年のことだった。

長崎の原爆を生き延びた木（サバイバーツリー）

被害者に生きる希望を与えた

クスノキ　*Cinnamomum camphora*　クスノキ科クスノキ属
山王神社（長崎県長崎市）

常緑広葉樹のクスノキは、ゆったりと大きな樹冠を描く。日本では神社の境内に植えられることが多く、その場合は神木であることを示すため、紙垂（しで）を下げた注連縄（しめなわ）が巻かれている。クスノキの風格ある姿と長寿には、高い精神性が感じられる。

1945年8月9日の午前中、米国がファットマンという名の原子爆弾を長崎に投下したとき、山王神社の入口に立つ二本のクスノキは、その強さを試す厳しい試練を受けた。3日前の広島同様、長崎も廃墟と化した。6日後の8月15日、昭和天皇は、新たに使用された残虐な爆弾の破壊的な威力に言及し、無条件降伏することを発表した。

爆心から半径900メートル以内の生命に、生存の見込みはないと思われた。山王神社は爆心から800メートルも離れていなかったため、神社の入口に立っていた樹齢500年の二本のクスノキの枝や葉は吹き飛ばされ、幹は黒焦げになった。それでも二本は少しずつ立ち直っていった。言語を絶する破壊のあとに、このクスノキが見せた回復力は、長崎の原爆を生き延びた人々に、命をつないでいけるかもしれないという希望を与えた。

オクラホマシティの生き残った木（サバイバーツリー）

数々の試練に負けなかった

アメリカニレ　*Ulmus americana*　ニレ科ニレ属
オクラホマシティ国立追悼施設、オクラホマシティ（米国オクラホマ州）

樹齢100年になるこのニレは、数々の困難を乗り越えてきたたくましい木だ。最初の試練は、キクイムシが媒介するニレ立枯病だった。1930年代にオランダから輸入された木材から感染が広がり、数十年のうちに北米全体に蔓延し、75%にのぼるニレの木が枯れてしまった。どういうわけかオクラホマシティのこのニレは、無傷で生き残った。次の試練は、アスファルトで固めた駐車場のまん中という、生きにくい環境だろう。だがその立地ゆえ、アルフレッド・P・マラー連邦ビルに勤める職員たちに愛される存在となった。人気の木陰スポットを獲得するために、わざわざ早朝出勤する職員がいたほどだ。

次に訪れたのが最大の試練、オクラホマシティ連邦政府ビル爆破事件だ。1995年4月19日、ティモシー・マクベイという男がレンタカーのトラックに満載した爆発物を、連邦政府ビルの前で爆発させた。建物が破壊され、168名の命が奪われたテロだった。ニレの木も激しく焼け焦げ、事件後の証拠集めをしていた捜査員たちに伐り倒されそうになったこともあった。だが、この木は生き残った。

追悼施設の建設にあたり、この事件を生き延びた人々、救助活動に携わった人々、そしてこの事件によって人生に影響を受けたすべての人々から、惨劇を生き抜いたこの木が施設の要（かなめ）となるように、設計を考えてほしいという要望が出された。こうしてオクラホマシティ国立追悼施設は、爆破の日からちょうど5年目の2000年4月19日、ビル・クリントン大統領によって開設された。地元の人々の願い通り、「生き残った木（サバイバーツリー）」は、細長い人工池を見下ろす美しい高台のひときわ目立つ場所に立ち、豊かに葉を繁らせた姿を水面（みなも）に映している。

毎年、この木からとれた数百個の種が植えられ、その苗木が全米各地に配られている。この見事なニレは、生ける記念碑として、オクラホマシティの人々と、追悼に訪れるすべての人々の心を癒やし続けている。

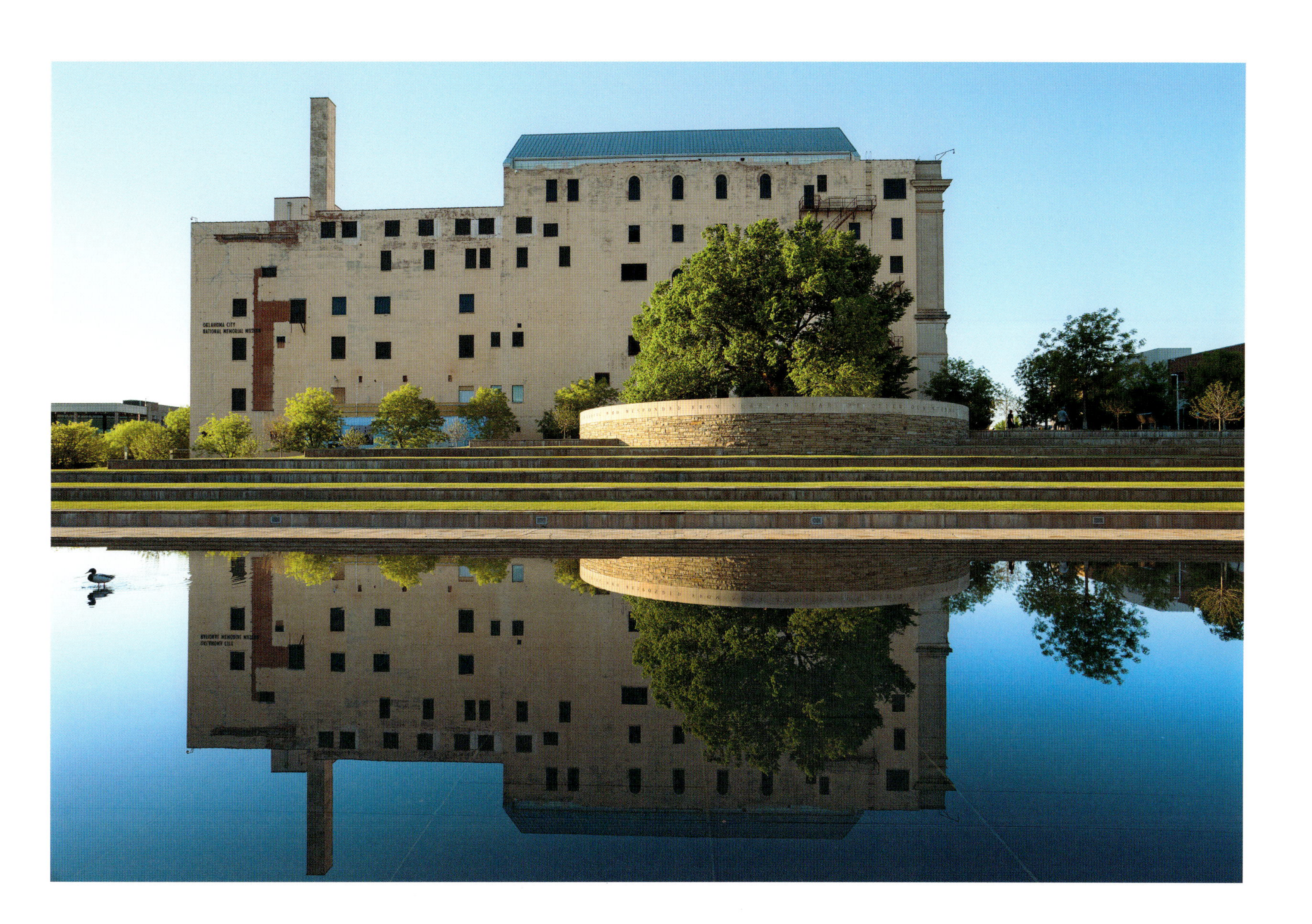
OKLAHOMA CITY
NATIONAL MEMORIAL

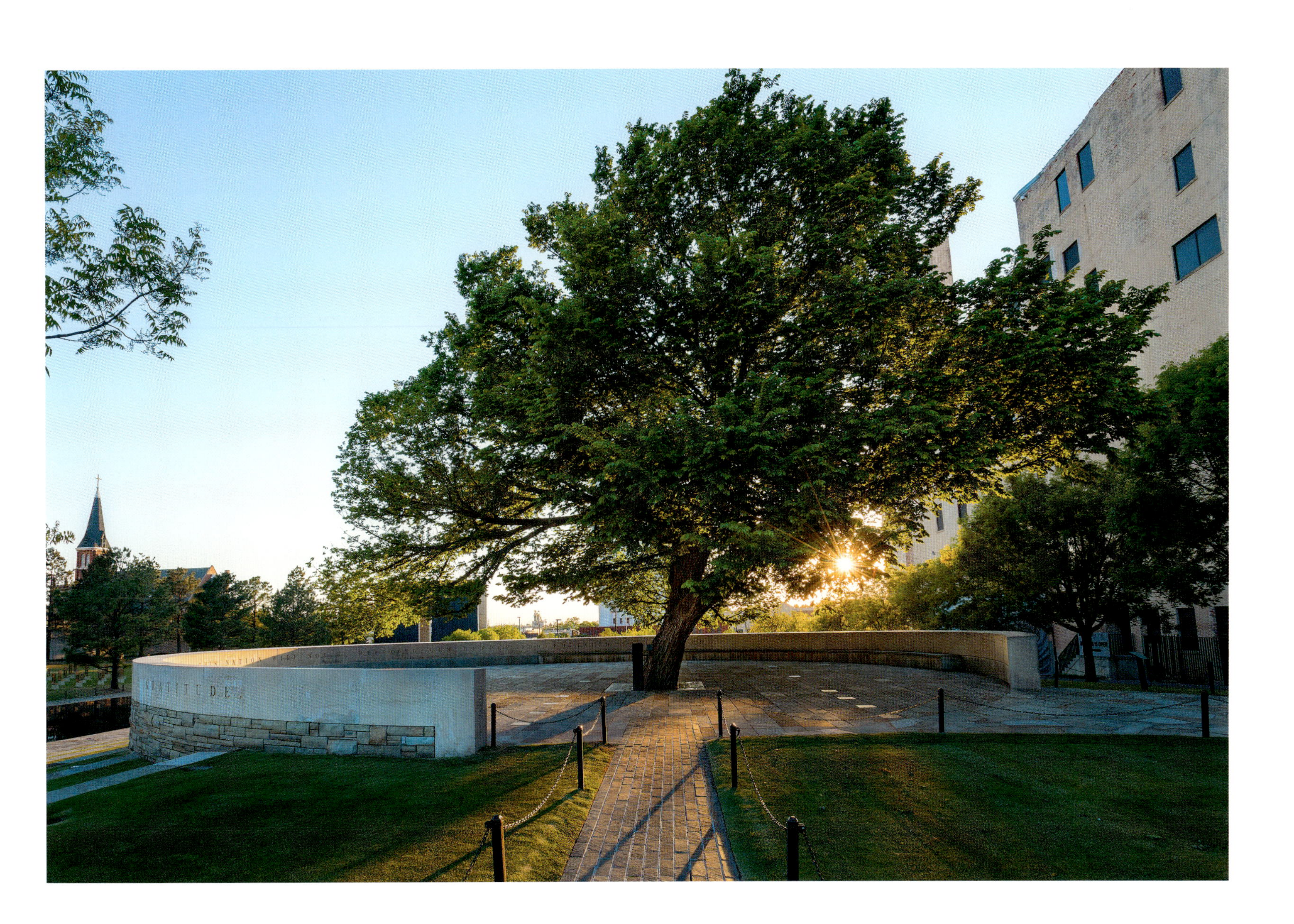
GRATITUDE.
NATION

9.11を生き延びた木（サバイバーツリー）

再生と力強さを象徴する

マメナシ　*Pyrus calleryana*　バラ科ナシ属
米国立9.11追悼博物館（米国ニューヨーク州）

　日本を含む東アジアおよびベトナム原産のマメナシは、1950年代のアメリカで都市部の街路樹に植えられることが多かった。病気に強く、さまざまな気候や土壌に対応して生き延びられるたくましさがあったからだ。だが、かつてロウワー・マンハッタンにあったリバティプラザ公園を彩っていた1本のマメナシに求められたのは、けた違いに過酷な環境を生き延びる強さだった。

　2001年9月11日のテロ攻撃によって世界貿易センタービルが崩壊したあと、この木は、救助活動と復旧作業の最中に、ビルのがれきの下から出てきた。幹は焼け焦げ、ほとんどの枝は失われ、根はぼろぼろだった。だが、高熱にさらされたうえ、重いがれきの下敷きになっていたにもかかわらず、わずかながら緑色の新芽が吹いていた。

　ブロンクスの園芸場へ持ち込まれた木は、ニューヨーク市公園レクリエーション部の職員の手当てを受けて、見事に立ち直った。リハビリが終わると、「生き延びた木（サバイバーツリー）」は、9.11追悼博物館のサウスプール（南池）脇に再び植えられた。サウスプールは、かつて世界貿易センタービルのツインタワーが建っていた場所に設けられた、二つの人工池のうちの一つだ。マメナシは早咲きのため、春になると追悼施設の中で最初に花を開き、最後に紅葉する。

　世界貿易センタービルの跡地に立つ「生き延びた木」は、再生と力強さの象徴として人々に愛されている。

ジャクソン大統領の泰山木（タイサンボク）

亡き妻を偲び植えられた

タイサンボク　*Magnolia grandiflora*　モクレン科モクレン属
ホワイトハウス（米国ワシントンDC）

　ホワイトハウスの敷地内で最も樹齢の高い木は、アンドリュー・ジャクソン元大統領が亡き妻レイチェルを偲んで植えたタイサンボクだ。ジャクソンがジョン・クインシー・アダムズを破って第7代アメリカ合衆国大統領になった数週間後、夫人は心臓発作で他界した。1828年の大統領選は、容赦ない個人攻撃が大統領候補のみならず、夫人にまで及んだ最初の（もちろん最後ではないが）選挙戦だった。マスコミは、レイチェルが不倫や重婚をしていると騒ぎ立てた。ジャクソンと結婚したときに、前の夫との離婚が完全には成立していなかったからだ。夫人がもともと健康に問題を抱えていたことも事実だが、ジャクソンは妻の死の責任は政敵にあると非難した。

　妻を偲ぶため、ジャクソンはテネシー州ナッシュビルの自宅から、彼女が好きだったタイサンボクの挿し木を持ってきて、ホワイトハウスの南柱廊玄関の脇に植えた。1994年に、世をはかなんだ一人の男性が公開自殺を図ろうと、盗んだセスナ機でホワイトハウスに突っ込んだときも、大枝が一本折れただけで、この木は生き残った。

D・H・ロレンスの木

米国西部に立つ“守護天使”

ポンデローサマツ　*Pinus ponderosa*　マツ科マツ属
D・H・ロレンス農場、サンクリストバル(米国ニューメキシコ州)

合衆国西部の山岳地帯を旅すると、ポンデローサマツが豊富に生えていることにすぐ気づく。この地域を代表する木だ。1919年に、社交界の名士で芸術のパトロンだったメイベル・ドッジ・ルーハンがニューメキシコ州タオスにやって来たのは、まさにこの西部の景観美に惹かれてのことだった。彼女の邸宅「ロス・ギャロス」にはそうそうたる顔ぶれの文士や芸術家が招かれ、文化の中心地となった。客人のなかには、小説家のウィラ・キャザー、劇作家のテネシー・ウィリアムズ、写真家のアンセル・アダムス、舞踏家のマーサ・グレアム、画家のジョージア・オキーフ、小説家のD・H・ロレンスなどがいた。

ルーハンは、タオスの自邸にロレンスを招くだけでは飽き足らず、ロレンス夫妻がニューメキシコを終(つい)の棲家(すみか)としてくれることを願って、タオスから30キロほど北のサンクリストバル近郊にあった65ヘクタールのキオワ農場(現在はD・H・ロレンス農場)を手に入れた。1924年から1925年にかけて、ロレンスは実際にこの農場で暮らした。1924年の夏には5カ月間、現在も立っているマツの木の下にテーブルを置いて、書き物をした。『メキシコの朝』という本のなかで、ロレンスはこの木を守護天使になぞらえている。

その5年後には、画家のジョージア・オキーフがこの農場に招かれた。オキーフはマツの木の下の、ちょうどロレンスが書き物をしていた場所に大工仕事用の作業台を置き、その上に寝そべって何時間も過ごした。「ロレンスの木」というオキーフの絵は、ここで木を見上げ、その奥にある満天の星空を眺めた体験から生まれた。現在、コネティカット州ハートフォードのワズワース・アテネウム美術館にあるこの作品は、作家の指示に従い、木が逆さまに立っているように見える向きに展示されている。

虐殺刑の木（キリングツリー）

不幸な時代の記憶をとどめる

アメリカネムノキ　*Albizia saman*　マメ科ネムノキ属
チェン・エク村キリングフィールド（カンボジア・プノンペン）

中南米原産のアメリカネムノキは、大きな木陰をつくる傘のような樹形でよく知られている。光に対する感受性が強いという珍しい特徴もある。曇りの日や夜間、雨が降っているときなどには、葉を閉じるのだ。これが「レインツリー」という別名の由来になっている。カンボジアへは観賞植物として輸入され、主に道路沿いに植えられた。かつて中国人墓地だった場所に立っていたこのネムノキは、そうした木のうちの1本だ。残忍きわまるクメール・ルージュ政権下で、おびただしい数の残虐行為の舞台となり、「キリングツリー」という名で知られるようになった。

1975年、ポル・ポト率いるカンボジア共産党勢力のクメール・ルージュが権力を掌握すると、そこから4年にわたる恐怖政治が始まった。ポル・ポトは階級のない農村社会の建設を目指した。その第一歩として、市街地から住民を追い出し、カンボジア国民全員を地方の集団農場で強制労働に従事させた。知識階級の出身と思われる者は、ことごとく処刑された。推定で200万人——人口の約4分の1——の国民の命が奪われた。

ポル・ポトは、家族のなかの一人を処刑したら、子どもを含む一族を皆殺しにするべきだと考えた。さもないと後から復讐されるかもしれないからだ。プノンペン郊外のチェン・エク村にあるキリングフィールド（虐殺刑場）では、子どもの両足をつかみ、その頭を木の幹に叩きつけて殺すという、常軌を逸したむごたらしい刑がおこなわれた。母親たちは、自らの処刑を待ちながら、その光景を強制的に見せられたという。このような形で殺された子どもの数は定かではない。現在この木は、子どもたちの死を悼む人々が捧げた数百個のブレスレットに飾られている。

決闘の樫(カシ)

紳士たちの勇気と名誉を見つめる

バージニアガシ　*Quercus virginiana*　ブナ科コナラ属
ニューオーリンズ市立公園（米国ルイジアナ州）

バージニアガシは、最初に主根を地中のかなり深くまで伸ばす。しっかり根を下ろしたあと、今度は横に向かって根を伸ばす。その範囲は、無秩序に広がる樹冠を超えることもある。このように広く発達する根系と、きわめて低い重心のおかげで、ハリケーン級の暴風にも耐えられる安定感がある。米国南部で強さの象徴とされるようになったのも、不思議ではない。

「決闘の樫」は、かつて2本あった有名なカシのうち、生き残った方の1本だ。19世紀には、数多くのニューオーリンズ紳士が、この木の下で自らの勇気を示し、かつ名誉を守るため、ピストルや剣を使って果し合いをした。当時の新聞によると、1834年から1844年のあいだには、ほぼ毎日、この場所で決闘が行われた。1839年の、ある血なまぐさい日曜日(ブラディサンデー)に至っては、この2本のカシの下で1日に10件の決闘があったという。

決闘というとよく引き合いに出される話がある。英国から来たある男が、ミシシッピ川なんぞヨーロッパの素晴らしい数々の川に比べたら話にならない、とけなしているところを、地元の人間に聞きとがめられた。その英国人は決闘を申し込まれ、敗れた。ルイジアナ州では、1890年には決闘が法律で禁止された。今となっては決闘も昔話にすぎない。

自殺の樫（カシ）

悲しい皮肉を物語る

バージニアガシ　*Quercus virginiana*　ブナ科コナラ属
ニューオーリンズ市立公園（米国ルイジアナ州）

「自殺の樫」は、ニューオーリンズ市立公園の「決闘の樫」から800メートルも離れていない。樹齢は300年を超えると推定され、公園内でも最高樹齢の1本に数えられる。ニューオーリンズを建設したジャン＝バティスト・ル・モワン・ド・ビエンビルが、町と港の候補地を探しに当地を訪れた1718年よりはるか以前、一帯は古代から続くカシの森に覆われていた。この木はその森に生えていたものだ。ここが公共の公園になったのは、19世紀の半ばになってからのことだ。

カシの森は、フランス人移民の居住区から遠く離れていたため、決闘や自殺を望む紳士たちに好まれたようだ。「自殺の樫」は、経済的な理由や人間関係のトラブルから、銃器や服毒によって自らの命を絶とうと考える人々のあいだで有名な場所になった。数百年生きるかもしれない木の下で、自らの天寿を縮めようという発想には、悲しい皮肉が感じられる。

絞首刑の木

荷馬車戦争の舞台

バージニアガシ　*Quercus virginiana*　ブナ科コナラ属
ゴーリアッド（米国テキサス州）

テキサス州のゴーリアッドにある裁判所前広場の北側には、暗い過去を背負った木が立っている。1846年から1870年まで、このカシの木陰で裁判が行われていた。死刑が宣告されると、手近にある頑丈な枝に縄をかけて、その場で刑が執行された。ここで何回、絞首刑が行われたか、正確な記録は残っていない。

この木はゴーリアッド周辺地域で起きた、もう一つの悪評高い事件にも関係している。インディアノーラの港からゴーリアッドを通り、テキサス州南部のサンアントニオまでを結ぶ道路は、沿岸から内陸へ荷馬車で荷を運ぶ業者にとって重要な街道だった。だがテキサスの業者は、同じ道を使って自分たちよりもずっと安く商品を売りさばくメキシコ人運送業者の存在を、面白くないと思っていた。

1857年、鬱積（うっせき）した不満がとうとう爆発し、「荷馬車戦争」と呼ばれる事態に発展した。テキサスの運送業者が、メキシコ人の同業者を続けざまに襲撃したのだ。州の警備隊が介入して事態の収拾をはかるまでに、この「絞首刑の木」（「荷馬車戦争の樫」と呼ばれることもある）の下で、70件以上の私刑（リンチ）が行われたといわれている。

証拠の木

葡萄園を見守る

オレゴンナラ　*Quercus garryana*　ブナ科コナラ属
ウィットネス・ツリー葡萄園、セイラム（米国オレゴン州）

オレゴン州の州都セイラムにあるウィットネス・ツリー葡萄園の名は、ワイナリーを見渡すように立つ樹齢250年のオレゴンナラにちなんでいる。

1854年7月8日、この木の立つ場所が、クレイボーン・C・ウォーカーと妻ルイーザに対し、政府から無償で払い下げられた「51番」という土地の北西角であることを示す測量の標識が、幹に刻まれた。1850年に施行された公有地の払い下げに関する法律は、それ以前からオレゴン準州内で開拓を進めていた入植者に、土地の所有権を認めるものだった。条件を満たしていたウォーカー夫妻は、ウィラメット渓谷の260ヘクタールにおよぶ土地の所有権を「完全に無償で」手にしたのだ。

1800年代の測量では、石や岩を積んで境界線の標識にすることが多かったが、角の標識には頑丈な樹木が好まれた。勝手に動かすことができないからだ。隣人の所有地を流れる小川や肥沃な土壌をうらやむ者が、標石を動かしたという類の話は枚挙にいとまがない。500年もの樹齢となるオレゴンナラなら、動かぬ証拠（ウィットネス）として頼りになる。今日この木は、風格あふれる姿で、ピノ・ノワールとシャルドネを主に栽培する40ヘクタールの葡萄園を見守るように立っている。

ストラットンの祈りの木

先住民の歴史を解き明かす

ポンデローサマツ　*Pinus ponderosa*　マツ科マツ属
ストラットン・オープンスペース、コロラドスプリングス（米国コロラド州）

ユート族はコロラドに最も古くから暮らしている人々だ。先住民居留地へ強制的に移住させられるまでは、広い範囲を身軽に移動しながら狩りをして暮らしていた。そのため彼らが野営した場所や通り道の痕跡は、ほとんど残っていない。だが、人が手を加えて変形させたポンデローサマツのうち、とくにパイクスピーク周辺のものは、かつてユート族がその地域に暮らしていたことを示す有力な証拠となることがわかった。

今日のコロラドスプリングスの近くにあるこのマツは、若木のうちに、ユッカの繊維で編んだ縄で枝を縛ることで、特定の形になるよう変形させたものだ。それは、この木がユート族に「祈りの木」として選ばれたことを意味する。右の枝は、霊的エネルギーのあふれる聖地パイクスピークの方角を指しており、左の枝は、秋から冬にかけての野営地として好まれた「神々の庭」と呼ばれる場所の方角を指している。

各地を移動しながら、ユート族の人々はこの木に祈りを捧げた。その祈りは、祈りの木が生き続ける限り守られるものと信じて託される。ポンデローサマツの場合、樹齢は250年から1000年もある。また彼らは、そよ風が祈りの木を吹き抜けるたび、託した祈りが新たに力を得ると考えていた。

ポンデローサマツは祈りの木としてだけでなく、ユート族をはじめとする多くの先住民部族にとって、きわめて役に立つ木だった。近年、考古学では「人が手を加えた、文化的な意味をもつ木」をCMT（Culturally Modified Tree）と呼び、さまざまな先住民グループがこの地域をどのように移動したか、地図をつくるための手がかりとして使いはじめた。こうした木に残る独特の傷跡から、その木の使用目的がわかる。つまり霊的な儀式に使われたのか、それとも薬効や栄養を求めて使われたのか、といったことだ。ちなみに450グラムのポンデローサマツの内樹皮は、595キロカロリーあり、コップ9杯分の牛乳に含まれているのと同量のカルシウムを含んでいる。残念なことに、私有地に立っていたCMTの多くは、その歴史的、文化的価値を知らなかった土地の所有者によって伐採されている。

祈りの五葉松

霊的エネルギーを感じる

コロラドイガゴヨウマツ　*Pinus aristata*　マツ科マツ属
エルクパーク、パイクスピーク（米国コロラド州）

イガゴヨウマツは頑丈で忍耐強い。極寒、強風、やせ地という、標高の高い生息地に特有の過酷な環境をものともしない。このコロラドイガゴヨウマツは、標高 3300 メートルを超えるパイクスピークの斜面に立っている。独特な形は、風の作用で生まれたものだ。この種は、コロラド、アリゾナ、ニューメキシコ各州の山岳地帯に分布する。一方、ネバダイガゴヨウマツ（*Pinus longaeva*）は、カリフォルニア州東部のシエラネバダ山脈からネバダ州全域、そしてユタ州西部の大半までを含む、グレートベースンという大盆地に分布する。コロラドイガゴヨウマツの樹齢はふつう 1500 〜 2000 年で、ネバダイガゴヨウマツより 2000 〜 3000 年ほど短い。

エルクパークのマツは「祈りの木」である。生えている場所はユート族の人々にとって神聖な場所だが、ユート族以外の先住民族も、ここで霊的エネルギーを感じることが少なくなかった。こんな伝説がある。1873 年、オグララ・ラコタ族（スー族）の「ブラック・エルク」という名の 9 歳の少年が、ここで強烈な悪夢を見た。少年の魂は、虹の扉を通り、雲でできたティピー（先住民のテント小屋）へと誘（いざな）われる。そこで 6 人の老賢人と対面し、彼らの民族を待ち受けている未来を見せられた。少年はその後、ラコタ族の有名な呪術師になったという。

移動生活を営んだユート族の人々にとって、このマツの木は、まぎれもない礼拝所だった。ここへ来て祈りを捧げれば、数千年にわたって守られると信じることのできる、巡礼の地だったのだろう。1 本の木が、祈りの目的と、呪術による治療の目的の両方に使用されることはめったにないが、この木にはその証拠が残っている。幹には、呪術に使われたことを示す傷も刻まれている。

精霊のすむ小さな檜（ヒノキ）

湖に棲む邪悪な霊を慰める

ニオイヒバ　*Thuja occidentalis*　ヒノキ科クロベ属
グランドポーテッジ（米国ミネソタ州）

　曲がった幹をしたこのニオイヒバは、スペリオル湖を見下ろすこの場所に、もう何世紀も立ちつづけている。樹高4.5メートルという小柄な木だが、立派な成木で、樹齢は400年から500年くらいと考えられている。ただ独りで湖を見張るように立つこの木は、ミネソタ州のグランドポーテッジに住むオジブワ族の人々の霊木だ。オジブワ族は、この木を「精霊のすむ小さな檜（Manido Gizhigans）」と呼んでいる。

　荒れることも少なくないスペリオル湖に舟をこぎ出す前、オジブワ族の人々はこの木の根元にタバコを供えて航海の安全を祈願した。貢ぎ物によって、嵐がつくられる場所とされる湖の深みに棲んでいる邪悪な霊を慰めるためだ。

　1922年に、ミネソタ州の人気画家E・デューイ・アルビンソンがこの木の絵を描き、「魔女の木」というタイトルを付けた。アルビンソンが繰り返し同じテーマの作品を描いたため、その誤った呼び名が定着してしまったようだ。

中間地点の木

先住民が使っていた目印

バーオーク　*Quercus macrocarpa*　ブナ科コナラ属
ブロッドヘッド（米国ウィスコンシン州）

　バーオークは森から遠く離れた、周囲に十分な空間が広がる環境を好む。樹齢は最高で400年あり、最も耐火性に優れた種の一つだ。こうした特性から、目印に使うのに適している。

　歴史あるこのバーオークの木は、米国先住民が狩りや漁のために移動する際に使っていた道の途中にあり、ミシガン湖とミシシッピ川の中間地点の目印になっていた。先住民は、湖と川の間の最短距離を走って移動するのに要した日数を月の観測から導き出し、湖と川の中間点を割り出した。そうして得られた結果は、きわめて正確だ。米国政府が1832年に行った測量調査によると、この木と実際の中間地点との誤差は、わずか2～3キロだった[*1]。

「中間地点の木」は現在、ウィスコンシン州ブロッドヘッドの農場の真ん中で大切に守られている。19世紀の中ごろ、一人の先住民の首長が、この農場の所有者であったチャールズ・ワーナーに、この木を決して伐ってはならないと言いに来た。それから年月を経ても、その要請は代々の農場主に尊重されている。

＊1　ミシガン湖とミシシッピ川間の最短距離は260キロ程度。

目印の木

ここで船を下りる

バーオーク　*Quercus macrocarpa*　ブナ科コナラ属
カスケードバレー・メトロ公園、アクロン（米国オハイオ州）

　バーオークは非常に太い幹をもつことで知られている。だが根元から三叉に分かれているこの樹齢300年の木の形は、かなり変わっている。これは若木のうちに、大きな枝が故意に変形させられたことを意味している。

　かつてアクロン周辺は、さまざまな先住民の部族が通る場所だった。エリー族、セネカ族、ショーニー族、オタワ族、デラウェア族、ミンゴ族などが皆、オハイオ内を移動しながら暮らしていたことがわかっている。このナラに手を加えたのがどの部族だったのか、確実なところはわからない。ただ一つはっきりしているのは、この木が、ある川から別の川へ移動する際の「最北端の位置」を知らせる、重要な役割を果たしていたということだ。

　クヤホガ川の進路は長い年月のあいだに少しずつ変わっていったが、かつては今よりもずっと、目印の木に近かった。カヌーで川を移動する先住民は、この木が見えたら舟を降りるタイミングであることを知る。そして、カヌーを担いでタスカラワス川まで13キロ歩く。タスカラワス川は、オハイオ川へ合流し、オハイオ川はさらにミシシッピ川へ合流する。この木は、のちにこの地に住むようになった白人にも、クヤホガ川とタスカラワス川のあいだを移動する際の目印として使われた。

話し合いの木
涼しい木陰に村人が集う

マンゴー　*Mangifera indica*　ウルシ科マンゴー属
ナウンデ（モザンビーク）

村人が集まって「話し合う（palaver)」という行為は、このあたりに暮らす人々の生活において何世代も続いてきた重要な伝統だ。この慣習がいつ始まったのかは定かではないが、言葉の語源がポルトガル語の「話すこと（palavra)」から来ているのは確かだ。18世紀に西アフリカの海岸地方を訪れたポルトガルの貿易商が、アフリカの原住民との対話という意味にほぼ限定してこの言葉を使った。それが「時間のかかる話し合い（palaver)」という意味の英語に姿を変えて、現在も使われている。話し合いで重要なのは、涼しい木陰で行うことだと、この地の人々は考えている。論点を整理し、実際に話し合い、意見の一致を見るまでには、何日もかかるかもしれないからだ。

モザンビークのナウンデ村にあるマンゴーの巨木は、そうした話し合いの場としての役割を担っている。マンゴーの木が集会所として優れているのは、乾季でも葉を落とさず、一年を通じて日差しを遮ってくれるからだ。この木は村の生活の中心であり、ありとあらゆる目的のため——土地をめぐるもめごとを解決したり縁談を調えたり、あるいは年長者がとっておきの物語を聞かせたりするため——に集うことのできる場所となっている。そして集会が終われば、再び子どもたちの遊び場となる。

舞踏の科の木

地域の暮らしの中心的な存在

ナツボダイジュ[*1]　*Tilia platyphyllos*　アオイ科シナノキ属
ペーシュテン（ドイツ・バイエルン州）

シナノキはドイツ語で「リンデ（linde）」とも呼ばれ、ヨーロッパでは、中世の時代から地域の暮らしにおける中心的な存在だった。神聖ローマ帝国の時代には、法廷としての役割も担っていた。そうした木のことを、ドイツ語では「法廷の科の木（Gerichtslinde）」と呼んでいた。当時、シナノキの下では、真実のみが語られると考えられていた。裁判を行うのに、それ以上にふさわしい場所はなかったのだろう。

その後、法廷としての色合いは薄れ、今日までの数世紀は、村の祭りや演奏会、ダンスなどが開催される場所として親しまれてきた。こうした社交的な行事の会場となるシナノキは、とくに「舞踏の科の木（Tanzlinde）」と呼ばれる。ドイツのペーシュテンにあるシナノキが初めて歴史的な記録に登場するのは、16世紀のことだ。螺旋階段とステージが、下の方の枝と一体化している様子を見ると、こうした独創的な工夫を施すのに、きわめて理想的な木であることがわかる。シナノキの枝には重い舞台を支えられるだけの強度があり、広角で上向きに張り出す枝は、凝った剪定に向いている。

シナノキは民間療法にも使われる。香しい花には解熱効果があるといわれ、乾燥させたものをお茶にして飲むことができる。作家プルーストの代表作には、主人公シャルル・スワンがマドレーヌをリンデンフラワーティーに浸した途端、失われた時の記憶がよみがえったという場面がある。

＊1　アオイ科シナノキ属の樹木は、ボダイジュと呼ばれることがある。中国原産のシナノキ属のボダイジュ（*Tilia miqueliana*）の葉が、クワ科イチジク属のインドボダイジュとよく似ているので、中国や日本ではシナノキ属の樹木もボダイジュと呼ぶようになった。そのため、ヨーロッパのシナノキ属の樹木にもボダイジュの名称が用いられている。

召集の樫（カシ）

兵士の集合場所

バージニアガシ　*Quercus virginiana*　ブナ科コナラ属
ラグレンジ（米国テキサス州）

　かつては威厳のある姿をしていたこのカシも、落雷や年月を経て少々やつれた姿となった。だが、テキサス州フェイエット郡の住民にとっては、今も神聖な木だ。ラグレンジ市の裁判所前広場の北西角に立つこの木は、米墨戦争、南北戦争、米西戦争、そして二つの世界大戦といった、数多くの戦争に出征した兵士の集合地点だった。初めてここで兵の募集が行なわれたのは、1842年、メキシコ軍によるテキサス準州侵攻を受けて、市民が立ち上がったときだ。

　裁判所前の広場を囲んで立つカシは何本もあり、どれが集合場所になってもおかしくなさそうに見える。だが郷土史家によると、1840年代には、この木のすぐそばに酒場があったそうなので、アルコールが愛国心を燃え上がらせるのに一役買ったのかもしれない。その後、1880年代に鉄道が通ると、駅との近さから、出征する兵士たちの集合場所としての地位が揺るぎないものになった。

ウェディング樫（カシ）

結婚式の会場

テキサスガシ　*Quercus fusiformis*　ブナ科コナラ属
サンサバ（米国テキサス州）

　テキサス州のほぼ中央に位置するサンサバでは、晩春から早秋にかけて日中の気温が38℃を上回ることが珍しくない。こんもりと繁った大きな樹冠がつくる涼やかな木陰は、地元の人々にとって、一年を通じてありがたい存在だ。なぜならほぼ常緑性のテキサスガシは、ほかの落葉性のナラと異なり、冬のあいだもずっと緑色の葉を保ち、新芽が吹きはじめるまで葉を落とさないからだ。
「世界に冠たるペカンの生産地」と胸を張るだけのことはあって、ペカンの木がサンサバにもたらす豊かな恵みは、古くから移民や先住民をこの地に引きつけてきた。伝説によると、このカシの木は、地域の先住民の人々にとって重要な意味がある。かつては部族会議の場や、結婚式のような思い出深い儀式の場として、ひんぱんに使われていたそうだ。そのため昔から「ウェディング樫」や「婚姻の樫」などとも呼ばれてきた。この地に移住してきた白人もその伝統にならい、馬や幌馬車でやって来て、この由緒ある木の枝の下で結婚の誓いを立てるようになった。現在もその慣習は続いている。ただし新郎新婦の乗り物は、もう少し現代的になった。

バーンサイド将軍の鈴掛(スズカケ)の木

南北戦争最大の激戦地

アメリカスズカケノキ　*Platanus occidentalis*　スズカケノキ科スズカケノキ属
アンティータム国定古戦場跡、シャープスバーグ（米国メリーランド州）

南北戦争の従軍カメラマン、アレクサンダー・ガードナーは、歴史に残る貴重な写真を何枚も残した。メリーランド州のシャープスバーグで戦われた「アンティータムの戦い」のわずか数日後にガードナーが撮った写真には、アンティータム・クリークという小川に架かるロウワー橋（のちの「バーンサイド橋」）の脇に立つ、スズカケノキの若木が写っている。この戦いの日、南北戦争において最も多くの血が流れた。それは同時に、米国の軍事史を通じて、1日に最も多くの血が流れた日でもあった。この木はその現場を目撃した最後の生き証人だ。

1862年9月15日、南部連合軍が北部に侵攻して戦いの火ぶたが切られた。南軍の将軍はロバート・E・リー、迎え撃つ北軍側の将軍はジョージ・B・マクレランだった。両軍は、シャープスバーグの広大な農地を舞台に激しく戦ったが、南軍の進攻を食い止める要(かなめ)となったのは、1本の小さな石橋だった。その橋を死守したのが、アンブローズ・E・バーンサイド将軍率いる北軍の第9部隊だったが、その代償は甚大だった。12時間に及んだ戦闘の死傷者は、南北合わせて約2万3000人にのぼった。

リー将軍の南軍は最終的には退却したものの、北軍がこの戦いで失った兵士の数はあまりに多い。本当の意味での勝者はどちらだったのか、今でも歴史家のあいだでは論争が続いている。それでも南軍の撤退は連邦軍の勝利であるとして、この戦いのわずか5日後、リンカーン大統領は奴隷解放の予備宣言を発表した。

奴隷解放の樫

歴史の劇的な転換点

バージニアガシ　*Quercus virginiana*　ブナ科コナラ属
ハンプトン大学、ハンプトン（米国バージニア州）

南北戦争でバージニア州は南部連合への忠誠を誓っていたが、ハンプトンにあるモンロー砦は、終始、北軍（連邦軍）の支配下にあった。この砦は、南部から逃げてきた奴隷にとって重要な場所となった。なぜなら1861年に連邦軍のベンジャミン・バトラー将軍が、保護を求めてハンプトンに来た逃亡奴隷のすべてを、「戦時禁制品」として扱うと宣言したからだ。奴隷が再び囚われの身になることを防ぐための方便だった。

同年、奴隷制度に反対の立場をとるアメリカン・ミッショナリー・アソシエーション（AMA）という団体が、メアリー・スミス・ピーク（AMA初の黒人教師）に、戦時禁制品としてモンロー砦のキャンプにいる子どもたちに授業をおこなうよう依頼した。当時のバージニア州法は、奴隷に教育を与えることを禁じていたのだが、このカシの豊かな木陰のもとでは、奴隷の身分にあった人々が、大人も子どもも、生まれて初めて教育を受けることができた。

ハンプトンに暮らす黒人の数は徐々に増えていった。1863年、エイブラハム・リンカーン大統領の奴隷解放宣言が、南部で最初に読み上げられたのも、このカシの木の下だった。黒人の住民たちはこの木に集い、すべての奴隷が永遠に自由であると宣言した大統領令を聞いた。それは、連邦の統一を回復する目的で始まった南北戦争が、人間の自由のための戦いへと変貌を遂げた、劇的な転換点だった。

それ以来、この木は「奴隷解放の樫」と呼ばれている。現在は、黒人の学生がより高い教育を受けられるよう1868年に設立された、ハンプトン大学の入口の近くに立っている。万民に自由と教育を約束した永遠のシンボルだ。

ウォルト・ホイットマンの木
詩人の心を動かす

アメリカキササゲ　*Catalpa bignonioides*　ノウゼンカズラ科キササゲ属
米国立フレデリックスバーグ＆スポットシルベニア・ミリタリー・パーク（米国バージニア州）

南北戦争中の1862年12月、米国の詩人ウォルト・ホイットマンは、フレデリックスバーグの戦いの負傷者リストに、弟ジョージの名を見つけた。安否を確かめるため、ニューヨーク州ブルックリンの自宅から、バージニア州のフレデリックスバーグへ駆けつけた。北軍の野戦病院になっていたチャタム館に到着すると、ホイットマンは初めて、南北戦争の本当の恐ろしさを目の当たりにする。切断された手や腕、足や脚が、急ごしらえの手術室の窓からポンポンと放り出され、この2本のキササゲの木の根元にグロテスクな山を築いていたのだ。

ホイットマンの弟は軽傷だった。だが野戦病院で目にした光景に深く心を動かされた彼は、初めはフレデリックスバーグに、のちにワシントンDCに留まり、兵士たちを見舞い、慰め、本を読み聞かせたり、手紙の代筆を買って出たりしながら、そのまま2年間を過ごす。その間、ホイットマンは、自分の考えたことや経験したことを、時に血痕のついた紙切れに丁寧に書きとめ、それを元に『戦時中の覚え書き』という本と、「包帯を巻く者」という憐れみの情あふれる詩を書いた。

ターナーの樫（カシ）

金塊が埋められた木

テキサスガシ　*Quercus fusiformis*　ブナ科コナラ属
フォートワース（米国テキサス州）

今日、グリーンウッド墓地となっているこの場所は、かつてチャールズ・ターナーという男性が所有していた130ヘクタールの土地だった。ターナーは、アラバマからテキサスへやって来た1840年に、政府からこの土地の払い下げを受けた。当初はカシの木がまばらに立つ大草原でしかなかったこの土地を懸命に耕して豪農となり、フォートワース市の礎を築いた功労者の一人となった。

ターナーも奴隷を所有していたが、南北戦争が始まった当初、彼はテキサス州（南部）が連邦（北部）から離脱することには、反対の立場だった。だが投票によって州が離脱を決定すると、彼もその方針に従った。ターナーは、南軍の中隊に資金を提供することで、離脱支持の姿勢を示した。しかしその後、南部連合政府から、政府発行の紙幣と、彼が身を粉にして築き上げた全財産を交換するよう求められ、対応に窮する。ターナーは、一人の男性奴隷の手を借りて、数千ドルに相当する金（きん）を、このカシの根元に埋めた。それが「ターナーの樫」だ。

南北戦争が終わり、南部連合の紙幣が紙くずになると、ターナーは埋めておいた金を掘り出す。そしてフォートワース市が北部の債権者に負った借金の返済にその金を充てて、傾いた市の財政を安定させた。

スーザン・B・アンソニーの木

生涯を大義に捧げた女性の象徴

セイヨウトチノキ　*Aesculus hippocastanum*　ムクロジ科トチノキ属
スーザン・B・アンソニー博物館および邸宅、ロチェスター（米国ニューヨーク州）

セイヨウトチノキはバルカン半島の原産だ。種から育てやすく、都市部の環境にも強いため、ヨーロッパや北米で道路沿いや公園内の観賞樹として好まれるようになった。

ニューヨーク州ロチェスターにあるスーザン・B・アンソニー邸の前に立つこのトチノキは、米国の女性参政権運動の誕生に立ち会った最後の生き証人だ。この家を写した写真のなかで最も古い1891年の1枚に、この木はすでに写っている。そこにはエリザベス・キャディ・スタントンをはじめとする運動の仲間たちとともに、木の下に立つアンソニー本人の姿も見える。

1869年、アンソニーとスタントンは共同で全米婦人参政権協会を設立し、女性にも投票権を与えるよう憲法の改正を求めた。協会が数十年にわたって議会に働きかけを続けた結果、ようやく1920年8月18日、第19回憲法改正において、「市民は何人も、性別を理由に投票権を否定されない」と明記されるに至った。だがその歴史的な日が訪れたのは、アンソニーが亡くなってから14年後のことだった。

今日、ロチェスターにあるアンソニーの家は、国定史跡とされている。1945年には、アンソニーと、女性の権利のために闘った彼女の功績を称えて、博物館兼記念館となった。生前、アンソニーは、市の道路整備計画で伐採されそうになったこの木を救っている。樹齢150年になるトチノキは、大義のために生涯を捧げた女性の象徴として、今も生き続けている。

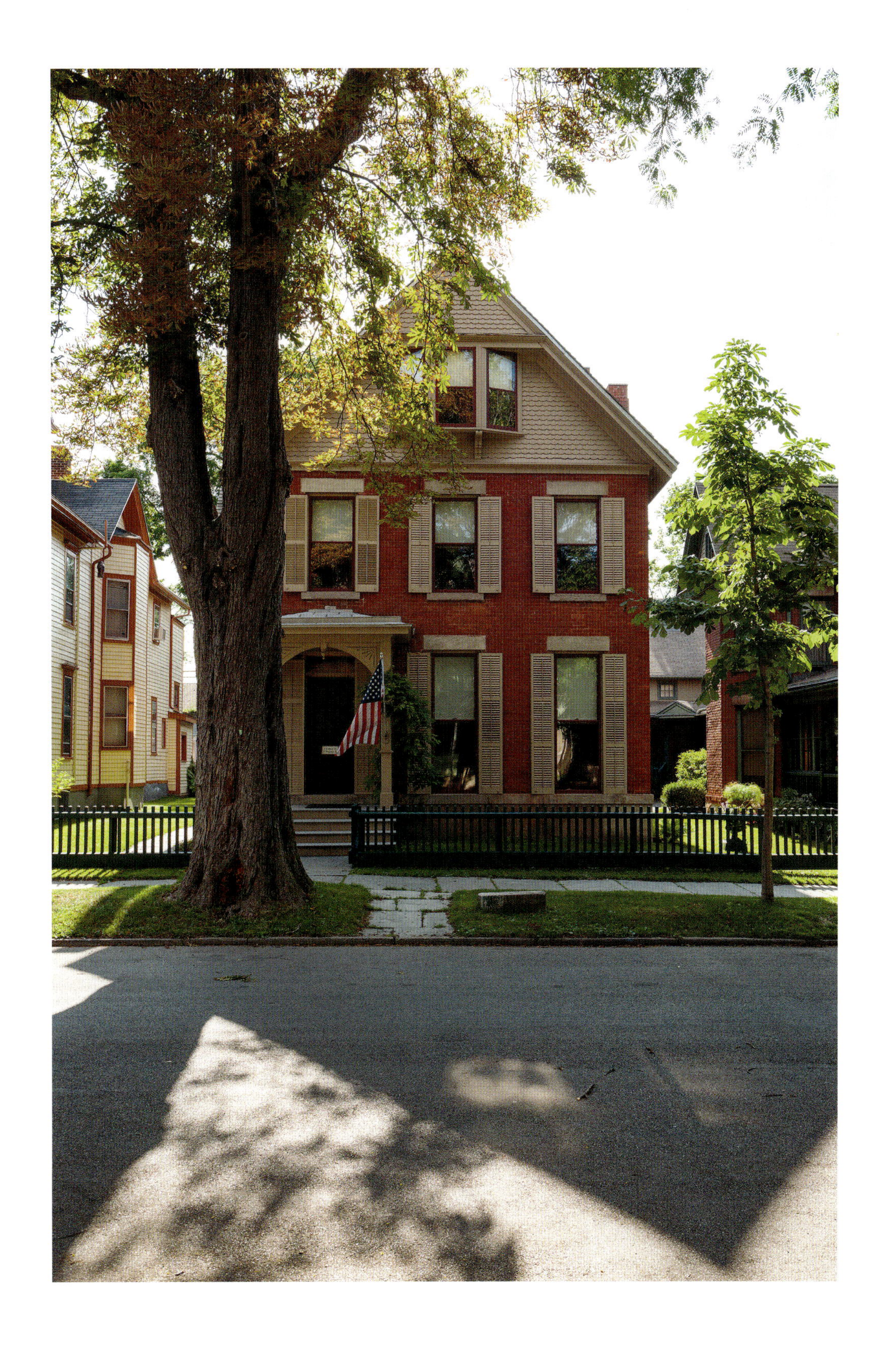

キャンパーダウンの楡（ニレ）

傷んだ木を救った一篇の詩

‘キャンパーダウン’　*Ulmus glabra* ‘Camperdownii’　ニレ科ニレ属
プロスペクト公園、ブルックリン（米国ニューヨーク州）

キャンパーダウンは、植物学的に興味深い。普通の木と違って、種子（たね）から自然に繁殖することがない。この奇妙な外見をしたニレの起源は、1840年頃のスコットランド東部の町、ダンディーにある。ある日、キャンパーダウン伯爵の森の管理人が、地所内のニレ林のなかで突然変異した枝を見つけ、セイヨウハルニレ（*Ulmus glabra*）の幹に接ぎ木した。そうして生まれたのが、背が低く、どっしりした幹と枝垂（しだ）れた枝をもつキャンパーダウンだ。

現在、世界各地の公園や庭園にあるキャンパーダウンは、すべてこのスコットランドにある1本の接ぎ木から生まれている。プロスペクト公園の木は、1872年にA・G・バージェスという、ブルックリンの花屋の主人から寄贈されたものだ。1930年代に米国に上陸したニレ立枯病によって、最終的に北米では75％にものぼるニレが死滅したが、この病原菌を媒介したニレキクイムシはキャンパーダウンの樹皮を好まなかったため、この木は生き延びた。せっかく命拾いをしたものの、それから数十年のうちに誰からも顧みられなくなり、1960年代には朽ち果てる寸前の状態になっていた。

傷んだ木を救ったのは、一篇の詩だった。ピュリツァー賞作家の詩人マリアンヌ・ムーアが「私たちのとっておきの骨董品」を守ってほしいと嘆願する詩を書き、それが『ニューヨーカー』誌に掲載されると、プロスペクト公園の復興運動が巻き起こり、このニレも救われることとなった。ムーアは1972年に他界したが、このお気に入りの木がずっと守られるようにと、基金を残した。

パンド
8万年を生きる地球上で最も重い生命体

アメリカヤマナラシ　*Populus tremuloides*　ヤナギ科ヤマナラシ属
パンド・クローン群生地、フィッシュレーク国有林（米国ユタ州）

8万年以上ものあいだ、パンドは「ヤマナラシの森」のふりをして生きてきた。その正体は、無性生殖によって繁殖した、1個のクローン生命体である。しかも地球上で最高齢のクローン生命体だ。正体が明らかになったのは、1968年のこと。ミシガン大学の森林生態学者バートン・V・バーンズは、パンドは遺伝子的にまったく同じ4万本以上の幹と1個の巨大な根系から成る植物だと結論づけた。年齢は、クローン群生地がこの規模にまで成長するのにかかると考えられる時間からの推定だ。

「パンド」とは、ラテン語で「広がる」という意味の動詞の一人称だ。コロラド大学の進化生物学者マイケル・C・グラントがこの愛称を命名したのは、発見から25年後のことである。43ヘクタールという広大な面積に及ぶ根系をもつのだから、まさに「広がる」植物だ。「震える巨人」という、もう一つの愛称も、6000トン以上と推定される総重量にふさわしい。この重さもまた、パンドが誇る最高記録の一つだ。パンドは地球上で最も重い生命体なのだ。

パンドは、人類が北米大陸に到達するはるか以前に、ユタ州中部のコロラド高原で芽を出した。だが、今では人間がパンドを絶滅に追いやる存在となっている。病気や害虫、林野火災への対策や牛の放牧、野生動物の維持管理といった事柄がすべて、パンドの存続を脅かす要因となっているのだ。ヤマナラシは日光をふんだんに必要とするが、山火事を防ぐ対策が取られた結果、背の高い針葉樹類の繁殖が進み、アメリカヤマナラシのように比較的背の低い木には日差しが届きにくくなっている。

近年、米農務省の林野部は、パンド存続の脅威となっている要因に対処すべく、いくつかの改善措置を打ち出した。手始めとして、パンドの新芽が野生動物や家畜などに食い荒らされないよう、27ヘクタールが柵で囲われた。

映画『トゥームレイダー』の木
自然と建築の素晴らしい融合

タイヘイヨウイヌビワ　*Ficus gibbosa*　クワ科イチジク属
パンヤノキ　*Ceiba pentandra*　アオイ科セイバ属
アンコール遺跡公園内タ・プローム寺院、(カンボジア・シェムリアップ州)

12世紀末にタ・プローム寺院の建立を始めたのは、東南アジアのクメール王朝最後の王ジャヤーバルマン7世だった。権勢を誇ったクメール王朝が15世紀に崩壊すると、この寺はアンコール遺跡群のほかの寺院とともに放棄され、数世紀にわたり顧みられることはなかった。偉大なるクメールの王たちに代わって自然が支配するようになると、寺院群はほとんどが熱帯雨林に飲み込まれた。

もともと接合剤を使わずに建てられていた石造の建築物は、何世紀もかけて食い込んだ気根によって締めつけられた結果、少しずつ構造に問題が生じていた。だが、1907年にフランス人考古学者たちが、熱帯雨林を切り開き、建築物を再建するなどして、アンコール遺跡群の修復をはじめたとき、彼らはタ・プローム寺院については、あえて放置されたように見える状態で残すべきだと判断した。この寺院に絡みついた木の根は自然と建築の素晴らしい融合だと感じたからだ。そこで木を伐採することなく、建物を安定させる方向で作業を進めた。

このイチジク（167、168ページ）とパンヤノキ（169ページ）の2本は、アンジェリーナ・ジョリー主演のアクション・ファンタジー映画『トゥームレイダー』(2001年）に登場した。映画をきっかけに、その恐ろしい姿にかつてない大きな注目が集まった。

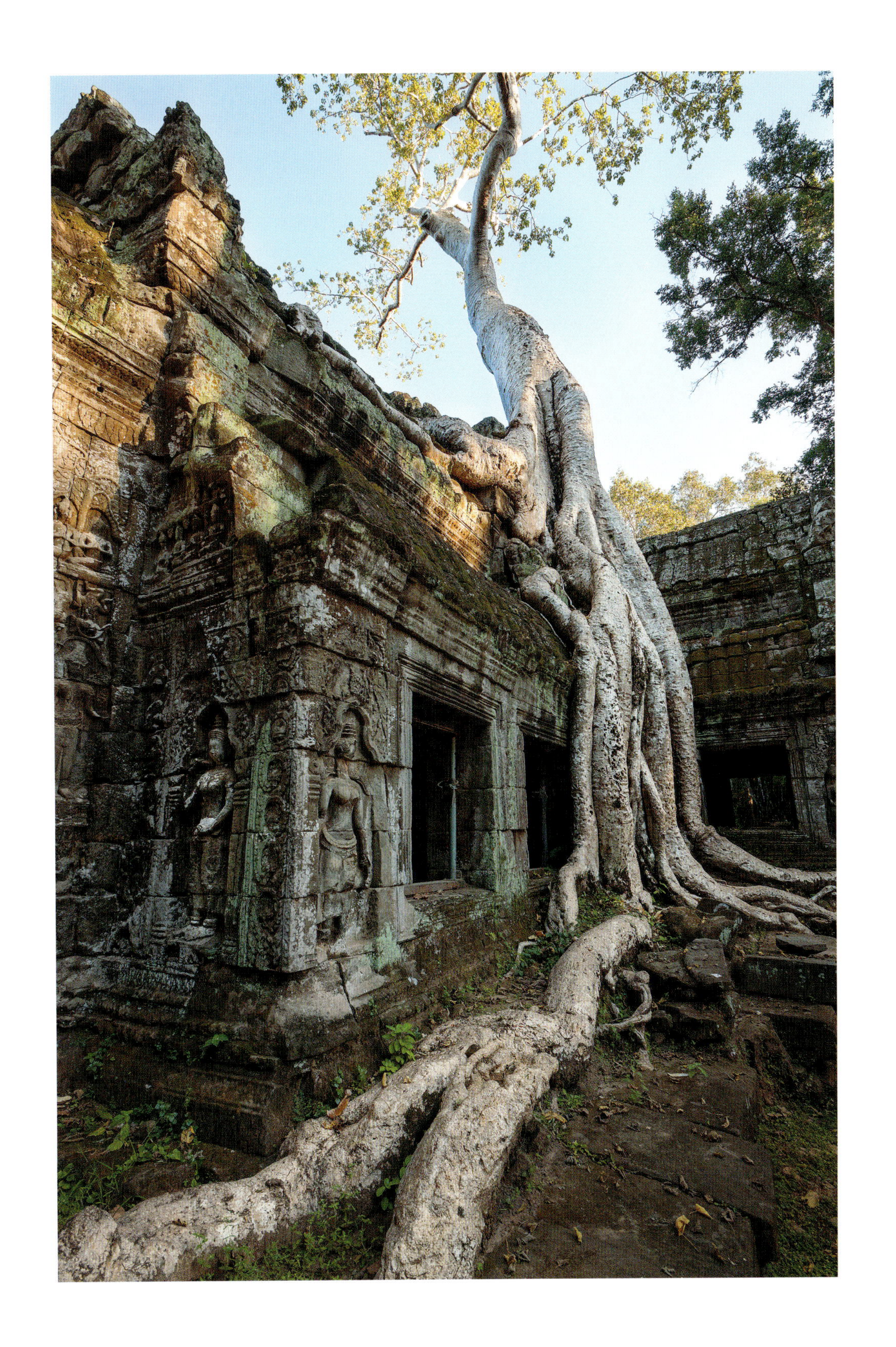

ウィリアム・ペンの楢（ナラ）

ペンシルベニアの由来

シロガシワ　*Quercus alba*　ブナ科コナラ属
ロンドングローブ（米国ペンシルベニア州）

1681年、英国人でクエーカー教徒のウィリアム・ペンは、英国王チャールズ2世がペンの父親に対して負っていた負債の清算として、新世界（アメリカ大陸）の土地約11万3300平方キロ[*1]を受け取った。国王はこの土地を「ペンシルベニア」と命名した。「シルベニア」はラテン語で「森」を意味する。つまりペンの新たな植民地は「ペンの森」という名前だった。質素を旨とするクエーカー教徒のペンは、この名前を毛嫌いしたが、信仰を同じくする者たちにとってはありがたい避難場所となった。もともとクエーカー教徒の扱いに頭を悩ませていたチャールズ2世にとっても、ちょうど良い厄介払いだったに違いない。

ペンは新たな植民地の首都に「フィラデルフィア」という名を付けた。ギリシャ語で「兄弟愛の都市」という意味だ。そこには、クエーカー教徒の仲間たちやヨーロッパで迫害を受けてきたそのほかのキリスト教宗派の人々に対して、信仰の自由を尊重するという意思が込められている。またペンは森林を大切なものと考えていたため、勅許状の合意文書に、ペンシルベニアの土地を取得する者は「5エーカーにつき1エーカーを森として残すこと」[*2]という特別な条項を設けた。

1818年、ロンドン・グローブ・フレンズ（今日も続いているクエーカー教徒の信心会）は、ペンシルベニアで最も大切にされている木の一つ「ウィリアム・ペンの楢」が見える場所に礼拝堂を建てた。この巨木には、シロガシワの特徴がよく表れている。水平に伸びた枝の先端から先端までの幅は、約30メートルもある。ペンシルベニアで最も立派なシロガシワであり、樹齢は400年を超えると推定される。ウィリアム・ペンが初めてアメリカ大陸の大地を踏んだ1682年には、すでにそこに立っていた。

＊1　日本の本州の半分近くに相当
＊2　1エーカーは約1200坪

発見された木（ディスカバリーツリー）

誰も信じなかった巨木の存在

ジャイアントセコイア　*Sequoiadendron giganteum*　ヒノキ科セコイアデンドロン属
カラベラス・ビッグツリー州立公園（米国カリフォルニア州）

恐竜が地球を闊歩（かっぽ）していたころ、北米の大半とヨーロッパ大陸の一部はジャイアントセコイアの祖先に当たる木々に覆われていた。時とともに気候が変わり、現在、ジャイアントセコイアの木立は、カリフォルニア州シエラネバダ山脈の西側斜面の細長い一帯に残る、75カ所のみとなった。ジャイアントセコイアの巨木の樹齢は3000年を超えることもある。1950年代に、はるかに背の低いネバダイガゴヨウマツの樹齢が4000年を超えることが判明するまでは、ジャイアントセコイアが地球上で最高齢の木だと考えられていた。

シエラネバダ地方の先住民はもちろんジャイアントセコイアのことを知っていたが、ゴールドラッシュの頃にカリフォルニアにやって来た新参者たちは、1852年の新聞記事で初めて巨木の存在を知った。その年の春、カラベラス郡の金鉱山の飯場で雇われていたオーガスタス・T・ダウドという猟師が、傷を負ったハイイログマを追っていたところ、偶然にも85メートルを超すジャイアントセコイアを見つけた。飯場に戻って話すと、荒唐無稽な話だといって誰も取り合ってくれない。ダウドは、「仕留めたハイイログマが大きすぎて運べないから手を貸してほしい」と嘘をついて、20人ほどの男たちを25キロ離れた場所まで連れて行った。

巨木発見のニュースが広まると、目ざとい連中が一儲けしようと方々から集まってきた。こうして発見からわずか1年後、このジャイアントセコイアは伐り倒された。幹の直径が7.6メートルもある大木をひけるような鋸（のこぎり）などなかったため、25人がかりで3週間もかかった。切り株はダンスフロアになり、倒された幹のほうは2レーンのボウリング場になった。近くには、観光客用にホテルまで建った。

伐り倒されたあとに年輪を数えたところ、樹齢は1244年だったことがわかった。平均寿命の半分しか生きていなかったのだ。一部の人間の利益のためにこのように立派な木を伐り倒すのは、自然に対する冒涜だという世間の怒りがきっかけとなり、カリフォルニアの巨木を保護しようという運動が広がった。1864年7月1日、南北戦争のさなか、エイブラハム・リンカーン大統領はヨセミテ土地譲与法に署名した。これによりジャイアントセコイアの森は初めて保護の対象となり、その土地がのちのヨセミテ国立公園になった。カラベラス周辺の巨木が保護されるようになったのは、カラベラス・ビッグツリー州立公園が設立された1931年になってからのことだ。

樹皮をはぎとられた木

蛮行を静かに生きる“永遠の命”

センペルセコイア　*Sequoia sempervirens*　ヒノキ科セコイア属
グリーグ・フレンチ・ベルの森、フンボルト・レッドウッド州立公園（米国カリフォルニア州）

カリフォルニア州沿岸部に分布するレッドウッド（センペルセコイア）はジャイアントセコイアの近縁種で、地球上で最も背の高い木だ。110メートルを超すものもある。ただし、樹高と幹回りの寸法を合わせて考えた場合は、ジャイアントセコイアの方が“世界最大”の木となる。いずれにしても植物界に並び立つ巨頭だ。

種名の「sempervirens」は、「永遠に生きる」とか「ずっと緑色の」という意味。樹齢が2000年に達することもある常緑樹にふさわしい名だ。レッドウッドの樹皮の厚みは最大で30センチもあり、それが山火事や害虫を防いでくれる鉄壁の守りとなっている。それでも人間からだけは身を守ることができない。幹回りが15メートルを超えるこの巨木は、人間による迷惑な関与を乗り越えて、何とか生き延びてきた。

1901年、J・H・フレンチとその息子たち（そのうちの一人はレッドウッド州立公園の初代管理者となった）は、この木の根元部分の樹皮をぐるりとはぎ取った。そしてそれをいくつかの部分に分割してサンフランシスコで行われたエプワース同盟（米国メソジスト派）の集会に輸送し、現地で組み立てて展示した。全米から集まった数千人にのぼる集会の参加者に巨木を見せることで、皆の度肝を抜き、カリフォルニアへの観光客を増やすのが狙いだった。

このような蛮行を経ても、「樹皮をはぎとられた木」は生き続けた。形成層の一部が残っていたため、栄養分を吸い上げることができているからだ。傷ついた幹は、滅多に見ることのできないレッドウッドの一番外側にある分厚い保護層が、どのようになっているかを見せてくれている。

ルナ

一人の女性が感じた特別な絆

センペルセコイア　*Sequoia sempervirens*　ヒノキ科セコイア属
スタッフォード（米国カリフォルニア州）

レッドウッド（センペルセコイア）は世界で最も背の高い木だ。30階建てのビルと同じくらいの高さに成長するものもある。邪魔さえされなければ2000年も生きられる。だが優れた耐久性と美しい柾目（まさめ）をもつ木材に対する需要が高いため、本来の寿命よりもはるかに短く命を終えるものがきわめて多い。カリフォルニアで1850年代に商業伐採がはじまる以前、レッドウッドは8000平方キロ以上の土地に分布していた。今日、原生林のうち残っているのは、そのわずか4％だ。

1997年、カリフォルニア州のスタッフォードという地区を見下ろす山の斜面に立つレッドウッドの木々が、パシフィックランバー社により、皆伐されることになった。レッドウッドに危機が迫っていることを知った環境保護団体「アース・ファースト！（地球第一主義）」は、ただちに行動をとった。彼らはボランティアを募り、木に登って座り込みをした。こうした反対活動を通じて、レッドウッドが窮地に立たされていることを広く世間に知ってもらい、伐採を阻止したいと考えていた。

通常のボランティアは一度に2～3日間の座り込みをするのだが、ジュリア・バタフライ・ヒルという熱心な活動家の女性は、自分の担当した木に特別な絆を感じた。そして木を「ルナ」と名づけ、どれほど時間がかかろうと守りきる覚悟を決めた。1997年12月10日に座り込みをはじめたヒルは、連続738日間という記録をつくった。座り込みの小さな台は防水シートで覆われていたが、最初の年はエルニーニョの影響があったため、ヒルは地上55メートルという高所で、暴風や豪雨、豪雪を耐え忍ばなければならなかった。2年を超える座り込みによって、レッドウッドの原生林の保護に国際的な関心が集まり、1999年12月、ヒルと木材会社はようやく合意に至った。ルナは伐採をまぬがれ、さらにその周囲60メートルに緩衝地帯が設けられることになった。こうしてヒルは、とうとうルナから降りた。

合意から1年後、何者かがルナをチェーンソーで襲った。切れ込みは幹の中心部まで達していた。冬の嵐が足早に近づいていたため、今一度、ルナ救助作戦が大急ぎで練られた。パシフィックランバー社、フォレスト・サンクチュアリ（現在、保護区域を管理している団体）、カリフォルニア州森林局の3者が協力して、ケーブルや補強材を作り、ルナの切り傷を安定させるよう固定した。これまでのところ、ルナは生き延びている。

木のこと

アダムとイブがエデンの園から追放されたあの時から、アイザック・ニュートンが万有引力の法則のひらめきを得た時まで、リンゴの木はいつも大事な物語の中心にいた。ニュートンとは違って、私たちには本書のプロジェクトをはじめるきっかけとなった、決定的瞬間を挙げることはできないが、長い年月のなかで多くの素晴らしい木々との出会いがあり、それについて語りたいという気持ちが芽生えてきた。何十年と写真を撮り続けるうちに、私たち二人は複雑な風景――自然と人間が交わる場所――に、繰り返し惹かれることに気づいた。今思えば、木のことや、樹木とさまざまな世界の文化との深い結びつきをテーマに仕事をすることになったのは、必然だったかもしれない。

2012年の春、私たちは夜桜の撮影をするため、日本に行っていた。帰国前日、ダイアンの父が危篤だという知らせが入った。私たちはそよ風に舞い散る花びらを眺めながら、美しい花たちのはかなさについて、ゆっくりと考えた。その時、ごく個人的なかたちではあったが、日本に数百年伝わる花見という慣習の本質、つまり人生は束の間であるということを、しっかり受け止めることの大切さを、私たちは理解した。ダイアンの父は、私たちの帰国後まもなく旅立った。哀しみが軽くなったというわけではないが、私たちはサクラが教えてくれたことを支えに、父の死と向き合うことができた。

ほかにもそうしたインスピレーションを与えてくれる木があるのではないか――私たちは、歴史的な瞬間に立ち合った木、惨劇を生き延びた木、人々から崇め敬われてきた木などを探しはじめた。まっ先に取り上げたかったのは、ナチスを逃れて隠し部屋で暮らしていたアンネ・フランクの支えとなった、トチノキだった。残念なことに、その木は以前から病気にかかっていた上、このプロジェクトがはじまる2、3年前に強風で倒れていたことがわかった。のんびりしてはいられないと思い、私たちは撮影に取りかかった。

皮切りにふさわしい撮影地は、樹木信仰の歴史が最も長く続いている国、インドだった。私たちはまずラジャスタン州のケジャリ村を訪れた。ここには、世界で初めて木の幹に抱きついて伐採に抗議をした「ツリーハガー」の人々を追悼する施設がある。この地域のビシュノイ派の信仰では、樹木や動物を傷つけることが固く禁じら

ビシュノイ派追悼寺院のレリーフ彫刻（インド・ラジャスタン州ケジャリ村）

れている。だが1730年、王は霊木であるケジリという木を伐採するために、ケジャリ村に家来を派遣した。アムリタ・デビという女性をはじめとする数多くの村人が、身を挺して霊木を守ろうとした。だが家来たちは容赦なく村人の首を刎ね、伐採を続けた。王がその無分別な殺戮をやめたのは、363人の命が失われたあとだった。

現在、地球には75億人もの人間が住んでいる。文化や言語、宗教や政治、地理的な条件などに違いはあっても、日々の暮らしにおいては、全員が呼吸によって酸素を取り入れ、二酸化炭素を排出するという、共通点をもっている。この生命に直結する機能において、樹木は私たちと逆に、二酸化炭素を吸収し、大気中に酸素を放出する働きをもつ、最も大切なパートナーだ。だが生命維持に欠かせないこの循環プロセスは、樹木が死に絶えた時点で終わりを迎える。世界各地では、一日当たり4000万本以上という、恐ろしい勢いで樹木の伐採が進んでいる。人間が引き起こした気候変動の時代において、これまでの3億7000万年間と同じように、樹木が炭素を隔離し続けてくれるのを当然と考えるのは、大きな間違いだ。

本書に収めた写真は、環境問題を提起するつもりで撮ったものではない。だが、私たちがリサーチや撮影、執筆をはじめた2014年から、地表の温度が3年連続で過去最高を更新したという事実は見過ごせない。2016年には、さらに気がかりな記録が生まれた。大気中の二酸化炭素濃度が400ppmを超えるという、地球の歴史において数百万年間見られなかったレベルに達したのだ。このペースで濃度が上がり続ければ、今後さらなる異常気象や農作物の不作、海水面の上昇や生物の絶滅などが起こると、研究者たちは見ている。

木は私たち人間がいなくても生きていけるが、私たちは木がなければ生きていけない。樹木は、私たち人間という種の存続にとってなくてはならない存在であり、数千年間にわたって私たちを生かし続けてくれた存在だ。木の美しさ、木にまつわる豊かな物語、木が授けてくれるあらゆる知恵に敬意を表することで、樹木が人間の過去に果たしてきた役割を正しく理解するだけでなく、樹木が私たちの未来にとって、いかに重い意味をもつか理解することにつながればと願う。

ダイアン・クック＆レン・ジェンシェル
2017年2月
ニューヨーク市にて

W・S・マーウィンに捧ぐ
ポーラ・マーウィンを偲んで

写真の仕事をしていると、ふつうなら入れないような場所に入る「鍵」を手にできることがある。そんなときは写真家冥利（みょうり）に尽きるとありがたく思う。私たちが何度も訪れたマーウィン・コンサーバンシーという、ハワイ・マウイ島の北海岸にあるヤシの森も、そんな素晴らしい世界の一つだった。わずかな面積でもいいから地球の表面を元の状態に戻したい――それはW・S・マーウィンが長年温めてきた夢だった。彼は、ピュリツァー賞を受賞した米国の詩人で、作家であり翻訳家であり、米国の桂冠詩人にもなった人物だ。マーウィンは妻のポーラとともに、かつて行政から荒廃農地の指定を受けていた土地の再生に地道に取り組み、数十年かけて2740本以上のヤシが育つ森をつくりあげた。

お二人の広い心と、環境を守るための尽力、ヤシの森を散策させてくださったこと、そして何よりも、献身的かつたゆみない努力によって、世界各地から絶滅の危機に瀕する希少なヤシを集め、植え、保護してくださったことに、心から感謝いたします。私たちはお二人の取り組みから大きな刺激を受け、希望を授かりました。

「世界が終わるその日にも、私は木を植えていたい」

――W・S・マーウィンの詩『場所』より

謝辞

今回のプロジェクトは、過去のどのプロジェクトよりも、数多くの方々からの寛大かつ積極的なご協力を必要としました。リサーチ、多分野における徹底した調査、現場へのアクセスや撮影許可、現地での道案内や移動手段の確保、天候不順や異常気象の影響……。こうした事柄のすべてを遠く離れた場所から確認したり進めたりするのは、気の遠くなるような作業となることも多かったため、私たちはそれぞれの分野における現地の専門家の力をお借りしました。

最初に、物語をもつ樹々をテーマにした記事をつくりたいという私たちの提案に賛同し、雑誌の特集用に撮影を進める許可を下さった『ナショナル ジオグラフィック』誌にお礼を申し上げます。前編集長のクリス・ジョンズ、現編集長のスーザン・ゴールドバーグ、写真部長のサラ・リーンの各氏にお礼を申し上げます。また、パム・チェン、キャシー・ニューマン、リサ・トーマス、サディー・クエリアー、スーザン・ストレートの各氏にも感謝いたします。とくに長年のお付き合いがあり、私たちが見落としたなかからいつも良い写真を見つけて下さる、写真編集者のエリザベス・クリスト氏にもお礼を申し上げます。

この本は、ナショナル ジオグラフィック協会のエクスペディション・カウンシルからの助成金がなければ、日の目を見ることはできませんでした。遠く離れた場所まで行って、素晴らしい樹々の写真を撮ることができたのは、ひとえに助成金のおかげです。同カウンシルのレベッカ・マーティン、カティア・アンドレアシ両氏をはじめとする皆様に深く感謝申し上げます。

出版社エイブラムスの優秀なスタッフの皆様にも感謝を申し上げます。とくに、この本の価値を信じ、出版の過程を通して揺るぎない支持を与えて下さったエリック・ヒンメル氏、また編集を担当し、私たちの文章に一貫性をもたせ、数々の有益なご指摘を下さったアシュリー・アルバート氏、美しい装丁を担当して下さったダリリン・カーンズ氏、製作を担当して下さったアネット・サーナ＝ブルダーの各氏にお礼を申し上げます。

私たちは長年、バーリン・クリンケンボーグ氏の作品を敬愛してきました。このたび、深い考察に富んだ美しいエッセイを寄せて下さったことに、心から感謝申し上げます。

アドバイスや励まし、そして私たちにとって何よりも必要な批評を下さった友人や仕事仲間にも感謝いたします。プロジェクトの立ち上げから本の構成を決めるまで、次の方々にお世話になりました。ダグマー・アペル、ニキ・バーグ、アンドルーとアンドレア・ボロウィーク、マーティン・ブレイディング、ティナ・クバラン、リン・レビーン、ステュ・レビー、エリック・パドック、クリス・ローシェンバーグ、ウィリー・ルース、ボブ・サーシャ、レジーナ・シュランブリング、セイジ・ソイヤー、ジャネット・スタイン、ニーナ・スビン、チャド・トゥルンパー、ブルックス・ウォーカー、エリオット・ワインバーガー、スタンとマーリン・ウォルコフの各氏に感謝申し上げます。また、ビジュアル面で、いつも頼りになる鋭い判断をして下さったボブ・シャミーズとライラ・ガーネットの両氏にとくにお礼を申し上げます。最初の頃にこの仕事を支え、美的観点からの指導を下さったデビッド・グリフィン氏にも心から感謝いたします。また、法律面の相談に乗って下さったナンシー・E・ウォルフ氏にもお礼を申し上げます。

取材で訪れた各地の専門家の方々には、撮影および執筆のあらゆる面でお世話になりました。以下の方々の惜しみないご協力に、心より感謝申し上げます。

日本の素晴らしい樹々については、『ナショナル ジオグラフィック日本版』の大塚茂夫編集長、石井ひろみ、（熱海を案内して下さった）大森浩子の各氏、岡修爾（東京の案内人）、門脇邦夫（京都のコーディネーター）、明石典子（日本政府観光局ニューヨーク事務所）、平井亜紀（東京観光財団ニューヨーク事務所）、谷口幸子（長崎県観光連盟）の各氏にお世話になりました。

米国ペンシルベニア州ロンドングローブで「ウィリアム・ペンの楢（ナラ）」の撮影許可を下さった、礼拝堂のキャリン・リー・ブロフィーとサンディー・リバー両氏、そして木の専門知識を授けて下さったスコット・ウェイド氏にお礼を申し上げます。とくに『Penn's Woods（ペンの森）』の原本を貸して下さり、私たちのために祈って下さった、心の広いブレンダとトム・マカルサ両氏に感謝申し上げます。

コロラドでは、学問的な知見に富む話を聞かせてくれ、数多くのユート族の祈りの木に案内してくれたチェリンダ・カリン氏に感謝を申し上げます。ハロルド・カリン氏には、お二人の素敵なキャビンに泊めていただき、おもてなし下さったことに感謝いたします。ナンシー・ビアーズ氏にもお礼を申し上げます。

ジュリア・バタフライ・ヒルが長期にわたる座り込みの末に救った、レッドウッドの「ルナ」ならびにその周辺の森を管理している、カリフォルニア州フンボルト郡のサンクチュアリ・フォレストの皆様に感謝いたします。とくにスチュアート・D・モスコヴィッツ氏には、ルナまでの滑りやすい急斜面の道のりを２度にわたって案内していただきました。また、機材についてはアリ・サミュエル・ワトソン・オルター氏にお世話になりました。ルナのうろの中で雨宿りをする彼の姿は、私たちの写真の一部になりました。

「ダービーのバオバブ」について、「監獄説」の誤謬（ごびゅう）を正す研究をされているオーストラリアの学者の方々にも惜しみないご協力を頂きました。西オーストラリア大学で考古学を研究されているキム・アーカマン非常勤教授、作家で歴史家のクリス・ドーソン氏、アデレード大学で建築人類学を研究されているエリザベス・グラント博士、タスマニア大学で歴史を研究されている上級講師のクリスティン・ハーマン博士にお礼を申し上げます。

「ヒロシマの盆栽」については、ワシントンDCの米国立樹木園でお世話になりました。リチャード・D・オルセン園長、スコット・アーカー園芸・教育部長、盆栽盆景博物館の学芸員ジャック・ススティックの各氏にお礼を申し上げます。

ドイツでは、ペーシュテンにある「舞踏の科の木」の管理人であるヘルガとジークフリート・ドレッセル両氏と、私たちの友人であり優秀なコーディネーターで、なおかつ良い写真を撮るためには美味しいコーヒーが欠かせないことをよく知っているベルント・アワー氏に大変お世話になりました。

米国ウィスコンシン州ブロッドヘッドの「中間地点の木」については、ブロッドヘッド歴史協会のジョン・バーンスタイン副会長と、木の管理者であるナンシー・カーニー氏にお礼を申し上げます。

ニューメキシコ州の「D・H・ロレンスの木」については、アルバカーキにあるニューメキシコ大学のダイアン・アンダーソンとゲイリー・

スミスの両氏にお礼を申し上げます。

英国の撮影については、古木の専門家であるブライアン・ミューレイナー氏にご教示いただいた「マグナカルタのイチイ」や「ニュートンのリンゴの木」に関する知識が、大変役に立ちました。また、ニュートンのリンゴの木については、リンカーンシャー州ウールスソープ荘園の管理人マーガレット・ウィンとスティーブン・シェファードの両氏にお礼を申し上げます。

バージニア州のフレデリクスバーグにある「ウォルト・ホイットマンの木」については、米国立フレデリックスバーグ＆スポットシルベニア・ミリタリー・パークのエリザベス・B・オッターソンとエリック・J・ミンク両氏にお礼を申し上げます。

「バーンサイド将軍の鈴掛（スズカケ）の木」については、メリーランド州シャープスバーグのアンティータム国定古戦場跡のジェーン・カスター、ジョセフ・カルザレット、リンク・ビアーズの各氏にお礼を申し上げます。

「奴隷解放の樫（カシ）」については、バージニア州ハンプトン大学のユリ・R・ミリガンとジャニナ・A・トンプソンの両氏にお礼を申し上げます。

オレゴン州セイラムのウィットネス・ツリー・ブドウ園のオーナーであるデニスとキャロリン・ディバイン両氏、ならびにワイン醸造家でぶどう園を管理されているスティーブン・ウェストビー氏に、風格あふれるオレゴンナラを撮影させていただいたことに感謝申し上げます。

ニューヨーク市の9.11追悼施設にあるマメナシについては、ロナルド・ベガとマーガレット・バーンの両氏にお礼を申し上げます。

「オクラホマシティの生き残った木」については、オクラホマ州森林局のマーク・ベイズ氏とオクラホマシティ国立追悼博物館のメアリーアン・エクスタイン氏にお礼を申し上げます。

アフリカのモザンビークにある「話し合いの木」については、エイミー・カーター・ジェイムスとリチャード・ナイチンゲールの両氏にお礼を申し上げます。

また以下の方々にもお礼を申し上げます。ハレルヤジャンクションの「靴の木」についてお世話になったカリフォルニア州運輸局のトリシャ・コーダー氏、「スーザン・B・アンソニーの木」でお世話になったニューヨーク州ロチェスターのスーザン・B・アンソニー邸のデボラ・H・ヒューズ氏、「ジャクソン大統領の泰山木（タイサンボク）」でお世話になったワシントンDCホワイトハウスのローレンス・ジャクソン氏、「召集の樫（カシ）」でお世話になったテキサス州ラグレンジのエドとバージニア・リーチ両氏、「トゥーレの木」に案内をして下さったメキシコ・オアハカ州のエバ・アリシャ・レピス氏、「精霊のすむ小さな檜（ヒノキ）」に案内をして下さったミネソタ州グランドポーテッジのトラビス・ノビツキー氏、「発見された木」でお世話になったカラベラス・ビッグツリー州立公園のゲリー・オルソン氏、インドのバラナシでコーディネーターをして下さったアジェイ・パンディ氏、テキサスの数々の樹木についてお世話になったテキサス州A&M林野部のグレチェン・ライリー氏、「パンド」についてお世話になったユタ州フィッシュレーク林野部のジョン・ザペル氏。

最後に、私たちの被写体となったすべての樹々に心からの敬意を表します。あなた方への賞賛の気持ちはこれからも変わりません――私たちの旅は続きます。

索引

こうした木々を前にして、大して感動しないことのほうが、驚きだ。

——— ラルフ・ウォルド・エマソン

P. 2
ヒロハカエデ（*Acer macrophyllum*）
オリンピック国立公園、米国ワシントン DC

P. 4
キャンパーダウンの楡
‘キャンパーダウン’（*Ulmus glabra ‘Camperdownii’*）
プロスペクト公園、米国ニューヨーク州ブルックリン

P. 6
ウィリアム・ペンの楢
シロガシワ（*Quercus alba*）
ロンドングローブ、米国ペンシルベニア州

P. 182
ウィリアムとポーラ・マーウィン夫妻
米国ハワイ州マウイ島ハクイにて

P. 183
マーウィン・コンサーバンシー
米国ハワイ州マウイ島ハクイ

P. 184
ヨーロッパダケカンバ（*Betula pubescens*）
フィアドゥラールグユーグル川峡谷
アイスランド、カトラ・ジオパーク内

P. 190
センペルセコイア（*Sequoia sempervirens*）
デル・ノート・コースト・レッドウッド州立公園
米国カリフォルニア州

心に響く
樹々の物語

2017 年 10 月 23 日　第 1 版 1 刷

著者	ダイアン・クック、レン・ジェンシェル
訳者	黒田眞知
日本語版監修	勝木俊雄（森林総合研究所）
編集	尾崎憲和
編集協力	中村僚
デザイン	田中久子
制作	クニメディア
発行者	中村尚哉
発行	日経ナショナル ジオグラフィック社 〒105-8308　東京都港区虎ノ門 4-3-12
発売	日経 BP マーケティング
印刷・製本	日経印刷

ISBN978-4-86313-393-8
Printed in Japan